深圳职业技术大学"十四五"规划教材

DIGITAL IMAGE
QUALITY TESTING

数字图像质量检测

许向阳 李婵 张良彩 刘晓宁 朱盼景 编著

同济大学出版社
TONGJI UNIVERSITY PRESS
·上海·

U0871878

内 容 提 要

本书响应教育部提出的“要倡导开发活页式、工作手册式新形态教材”要求开发。本书内容源于影像行业“像质检测”工程师岗位典型工作任务，全书包含五个教学项目：畸变测量、噪点测量、动态范围测量、颜色表现测量、清晰度测量，每个检测项目均以工作过程需完成的任务展开，完成学习任务获得学习成果。为便于读者自学，本书配有演示视频、图片素材、测试报告书等，读者可通过扫描二维码获得学习资源。

本书可作为职业院校数字图文信息处理技术相关专业的数字图像质量检测课程用书，也可作为成人教育或继续教育参考用书，或有像质评测工程师及相关职业生涯发展需求者的自学用书。

图书在版编目（CIP）数据

数字图像质量检测 / 许向阳等编著. —上海：同济大学出版社，2023.9

ISBN 978-7-5765-0850-5

Ⅰ. ①数…　Ⅱ. ①许…　Ⅲ. ①数字图像处理—职业教育—教材　Ⅳ. ① TN911.73

中国国家版本馆 CIP 数据核字（2023）第 106708 号

数字图像质量检测

许向阳　李　婵　张良彩　刘晓宁　朱盼景　编著

责任编辑 张　莉　**助理编辑** 屈斯诗　朱华茗　**责任校对** 徐春莲　**封面设计** 陈益平

出版发行 同济大学出版社 www.tongjipress.com.cn
（地址：上海市四平路 1239 号　邮编：200092　电话：021-65985622）
经　销 全国各地新华书店
排　版 南京文脉图文设计制作有限公司
印　刷 常熟市大宏印刷有限公司
开　本 787mm × 1092mm　1/16
印　张 12.5
字　数 312 000
版　次 2023 年 9 月第 1 版
印　次 2023 年 9 月第 1 次印刷
书　号 ISBN 978-7-5765-0850-5

定　价 49.00 元

本书若有印装质量问题，请向本社发行部调换　　版权所有　侵权必究

前言 FOREWORD

“数字图像质量检测”课程是数字图文信息处理技术专业的专业核心课，是拓展学生专业技术技能及就业方向的重要组成部分。该课程面向数字图像质量检测岗位，主要培养学生理解数字图像质量因子的概念，能够判断数字图像质量缺陷，描述与图像质量因子相关的质量指标，学会使用图像质量检测设备及工具，学会使用图像检测相关的国际、国家、行业标准等完成图像质量检测，并能够依据标准出具检测报告等。通过该课程的学习，学生可就业于成像设备像质检测相关岗位（像质评测工程师——车载影像、监控影像、消费电子影像），从事数字图像质量检测或评价的工作。

本书是基于以就业为导向，以校企合作育人、工学结合为人才培养模式开发的活页式、工作手册式新形态教材，服务于企业用人需求，满足读者的职业生涯发展需求。在内容选择方面，本书基于数字图像质量检测岗位典型工作任务，按照工作过程的顺序、职业教学规律和学生自主学习的要求，进行教学设计并安排教学活动，实现理论和实践的结合，其核心任务是帮助读者学会如何在实际工作中应用所学知识。

本书的主要特色体现在以下 4 个方面。

1. 功能

在功能方面，本书除了一般教材具有的思想品格教育功能外，还突出其职业引导功能。读者可通过本书了解职业岗位，在掌握职业技能的同时树立正确的职业价值观、培养良好的职业道德和职业意识。

2. 内容

在内容的选取方面，主要是在工作任务中模拟真实场景的实践性知识。本书更突出教学内容的实用性和实践性，坚持以职业能力为本位，以应用为目的，知识内容以必须、够用为度，满足职业岗位的需要，并与相应的职业资格标准或行业技术等级标准接轨。

3. 结构

在内容的组织结构方面，与学科体系教材不同，本书结构按照以全面素质为基础、以职业能力为本位的教学理念编排，符合职业院校学生的认知规律和技能培养规律；遵循劳动过程的系统化，符合工作过程的逻辑。本书坚持以应用为主线，不强调理论知识的系统性、完整性，不盲目追求教材的学科结构与严密的逻辑体系，而注重满足课程的综合化和模块化的需要。

4. 呈现

在内容的表达与呈现方面，本书为适应初学者的心理特点和认知习惯，语言简明通顺、浅显易懂、生动有趣，多采用与真实工作过程一致的图像，做到图文并茂、引人入胜。

本书主要面向的岗位及技能等级是助理像质评测工程师（3 级）和中级像质评测工程师（2 级），并据此设计主要内容，包括数字图像畸变测量、数字图像噪点测量、数字图像动态范围测量、数字图像颜色表现测量和数字图像清晰度测量 5 个项目，项目学习过程如图 1 所示。本书推荐的项目学习安排如表 1 所示。

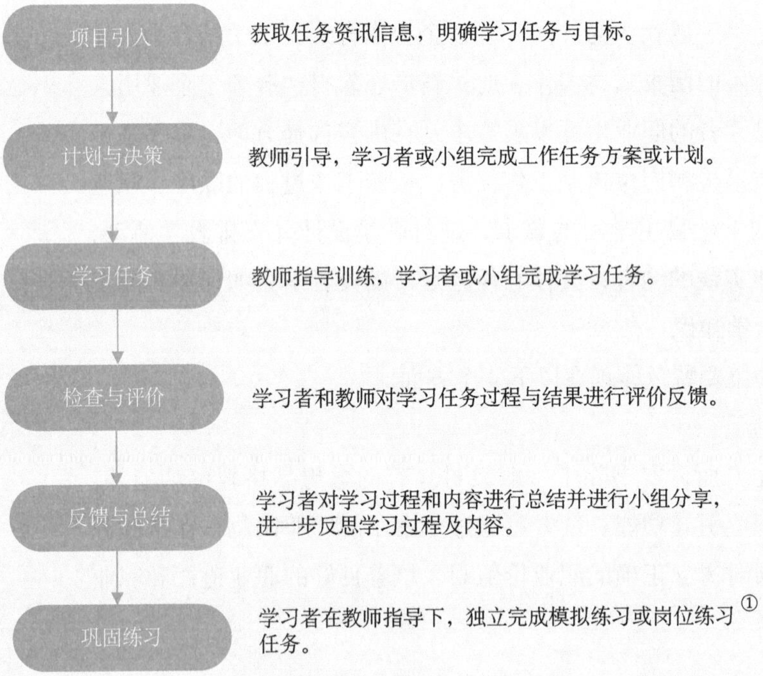

图 1　项目学习过程

表 1　项目学习安排

学习项目	学习载体	工作过程	建议学时
数字图像畸变测量	平板电脑摄像设备 / 手机摄像设备	• 畸变测量标准样本图像的获取 • 畸变参数的测量及分析	6
数字图像噪点测量	平板电脑摄像设备 / 手机摄像设备	• 噪点测量标准样本图像的获取 • 噪点参数的测量及分析	8
数字图像动态范围测量	手机摄像设备 / 相机摄像设备	• 动态范围测量标准样本图像的获取 • 动态范围参数的测量及分析	6
数字图像颜色表现测量	手机摄像设备 / 相机摄像设备	• 颜色表现测量标准样本图像的获取 • 颜色表现参数的测量及分析	16
数字图像清晰度测量	手机摄像设备 / 相机摄像设备	• 清晰度测量标准样本图像的获取 • 清晰度参数的测量及分析	12

使用本书时，倡导以行动为导向的学习，组建学习小组。每个学习小组应配置一个学习小组长，在学校教师或岗位教师的统一组织下，小组成员共同完成学习任务。

本书在内容编写及学习资源制作过程中得到了北京正印科技有限公司的大力支持，在此特别致谢北京正印科技有限公司的薛艳武、王龙、游景霞、王毅坤、张紫妮、林日明、陈政宝等给予的支持和帮助！

由于编者水平有限，书中难免出现疏漏与不足之处，敬请广大读者不吝指正。

编　者

2023 年 5 月

素材库

① 模拟练习或岗位练习：指在学校实训室或企业工作岗位上，学习者在教师的指导与反馈下，完成新技能熟练化的学习过程。

目录 CONTENTS

学习项目 1:
数字图像畸变测量

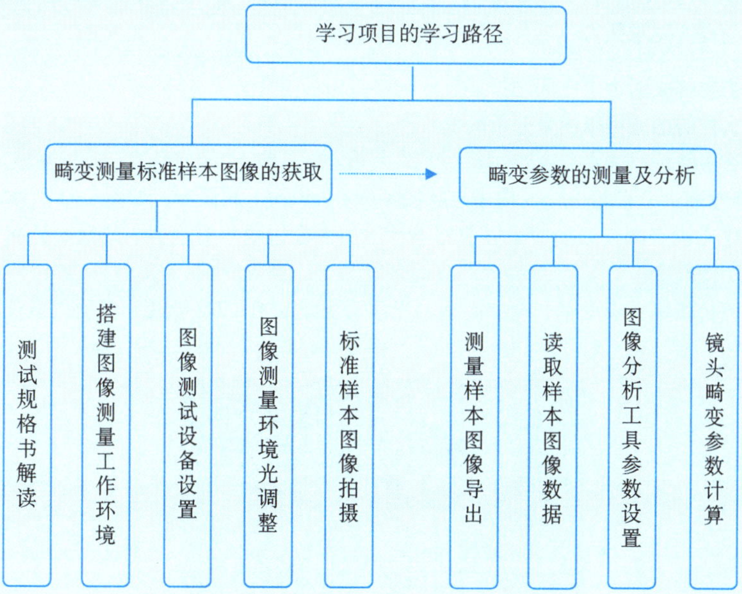

1.1 项目引入

1 学习情景

本项目的学习情景如表 1-1 所示。

学习项目 1 视频

表 1-1 手机相机摄像质量畸变测量

项目主题	手机相机摄像质量畸变测量
项目日期	
工作内容及要求	学习情景： A 公司发布了一款销量较好的旗舰手机。 B 公司一直将 A 公司作为对标公司，B 公司想把该款手机作为竞品，于是从市场上采购了一台，并移交至图像质量检测部门进行像质检测。 像质检测部门的职责是检测手机拍照的像质质量表现，帮助新产品成像系统设计以及产品像质质量提升。请组建检测小组完成手机相机的畸变测量。 主管要求：手机相机畸变参数检测参照手机相机图像质量协会（CPIQ）发布的 IEEE Std 1858™—2016 标准中第 9 部分——局部几何畸变（Local Geometric Distortion，LGD）的检测要求执行
学习要求	本项目主要解决两个主要问题： （1）什么样的图像可以用来分析畸变？ （2）什么参数可以表示畸变？ CPIQ 推荐测量手机相机畸变使用点状图（Dot Pattern）测试卡，如图 1-1 所示。假定图像中心没有畸变或畸变可以忽略不计，用图像边角相对于中心的最大径向变形量量化图像畸变。 畸变的评价指标：畸变率、畸变类型、光学畸变或 SMIA TV 畸变、多项式拟合畸变表达式 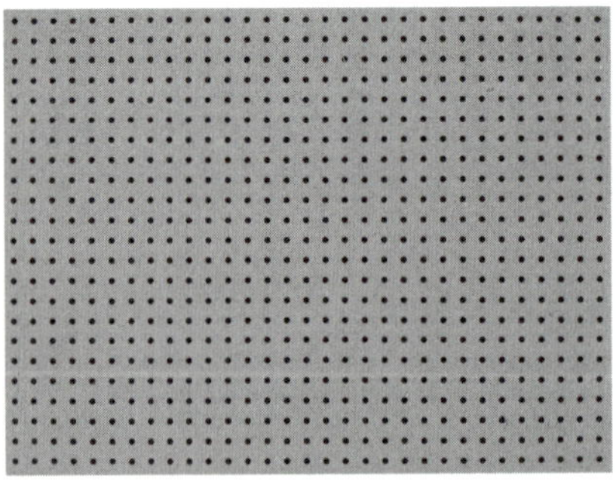 **图 1-1 点状图测试卡**

2 获取资讯

根据学习过程任务的要求，完成基于手机相机摄像质量畸变测量的任务，并自主学习知识概念和资讯信息。

知识概念：镜头畸变的概念、图像畸变的分类、镜头畸变的测量方法等。

资讯信息：常用的镜头类型、CPIQ 对手机畸变测量的规定、手机相机镜头的特点。

学习目标

能够正确查询或搜集关键知识清单中的知识概念和资讯信息内容。

能够用自己的语言初步描述知识概念的含义与资讯信息类型。

学习活动

活动 1

以学习小组为单位，在教师的指导下，通过工作手册阅读、网络查询和相关专业书籍查询，初步理解上述知识概念的内涵，制作并提交信息收集文档。

活动 2

写出手机相机像质畸变测量的要求以及镜头畸变对图像质量产生的影响。

3 项目目标

通过对本项目的学习，可达成的目标如表 1−2 所示。

表 1−2 项目目标

思政 / 素养目标	理解尊重并严格执行标准的意义
	理解并遵守保密工作原则内容与意义
	理解沟通的重要性，应用一定的沟通技巧进行工作沟通
	理解质量意识的理念与意义
	理解“以客户为中心”服务理念与意义
技能目标	完成图像畸变的分类
	依据畸变检测标准设定检测环境参数
	完成标准样本图像抓取
	使用图像质量分析工具完成畸变参数计算
	分析畸变的表现

（续表）

知识目标	认识图像畸变的现象
	理解镜头成像原理
	理解镜头畸变的成因
	理解镜头畸变的测量原理
	理解像差、横向色差、纵向色差的概念

1.2 计划与决策

1 制订计划

学习目标

能够在教师的指导下制订符合检测标准要求的手机相机摄像质量畸变测量实施方案。

学习活动

阅读相关材料或咨询相关人员，提出实施方案，梳理主要的工作步骤和可能遇到的挑战，并将其整理出来提交给教师。

2 进行决策

学习目标

能够在教师或学习组长的指导下筛选并确定最佳的手机相机摄像质量畸变测量实施方案。

学习活动

根据手机相机摄像质量畸变测量的实施方案，说明完善此实施方案的想法。根据教师或小组成员反馈意见进一步优化实施方案，最终确定畸变测量的实施方案，并将最终实施方案整理呈现出来。

小贴士

在制订实施方案过程中，提升学习者的归纳总结能力和团队协作能力。

1.3 学习任务

结合实施方案，完成以下学习任务。

任务 1：畸变测量标准样本图像的获取

通过对本任务的学习，可获得的目标能力如表 1-3 所示。

表 1-3 任务目标

职业技能	学习目标	学习方式
测试规格书解读	• 调查测试设备成像系统配置 • 认领测试规格书，确认测试要求	自主学习
搭建图像测量工作环境	• 能够正确描述数字图像质量检测工作对测量环境的要求 • 能够列举图像畸变测量所必备的软、硬件	课堂学习或自主学习
	• 能够完成图像畸变测量所需的工具准备与查验 • 能够规范、安全操作测量仪器及设备	实训学习
图像测试设备设置	• 能够口述图像畸变测量所依据的行业标准要求	课堂学习或自主学习
	• 能够完成图像获取辅助设备的安装及调试 • 能够依据测试标准要求，配置畸变测量测试装置	实训学习
图像测量环境光调整	• 能够依据测试标准要求，配置环境光色温及照度 • 能完成测试卡表面光照均匀性的调整	实训学习
标准样本图像拍摄	• 能够设置或初始化待测相机拍摄参数，减少检测结果的不确定性 • 能够完成取景比例及图像变形的精确纠正	实训学习

知识点 1：器材准备

学习目标

能够掌握完成畸变测量所需要的器材。

学习活动

自主学习阅读材料内容，观察素材库中测试环境示例 1 图片，列举搭建数字图像畸变测量工作环境所需要的软、硬件类型。

阅读材料 1：器材清单信息（表 1-4）

表 1-4　器材信息

名称	作用	图示
三脚架	用于支撑相机，便于调整相机与地面的相对距离，保持相机相对拍摄目标处于静止状态，避免因抖动而引起的图像模糊	
云台	用于调整相机相对于空间直角坐标系中 x、y、z 3 个坐标轴在 6 个方向的旋转角度，纠正相机拍摄图像过程中的仰俯、左右、旋转视觉方向的透视变形	
导轨	用于辅助三脚架平稳移动，便于调整相机与拍摄目标的相对距离	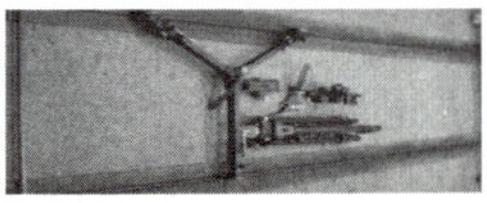
水平微调云台	用于微调图像在相机显示图像窗口中的左右位置及大小，精度为 mm	
测距仪	红外测距仪，用于测量摄像头镜头平面与测试卡之间的距离	
照度仪	照度、色温等参数的测量仪器，用于测量环境光色温及测试卡表面的照度	
测试卡	畸变测试卡推荐使用点状图测试卡、棋盘格测试卡等	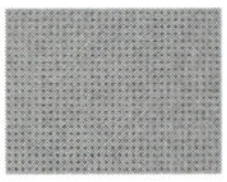 
观察台或灰色墙壁	用于支撑测试卡，颜色中性灰色，反射率为 18%	—
标准光源	多色温标准光源，可调亮度、色温，亮度范围为 10～2 000 lx，色温范围 2 800～7 500 K	 

阅读材料 2：工作环境搭建规范（表 1–5）

表 1–5　手机相机摄像质量畸变测量工作环境搭建规范

测试前准备	测试环境：暗房，中性色背景。 器材及工具：导轨、三脚架、云台、照度计、测距仪、点状图测试卡 / 棋盘格测试卡、多色温标准光源、观察台、图像质量分析软件等
标准样图拍摄	要求：相机镜头平面与测试卡平面平行，相机光轴与拍摄图像平面正交，中心偏离误差在图像高度的 ±3% 以内，样本图像包含点状图测试卡的点数不少于 300 个，单个点的尺寸不少于 10 个像素等（图 1–2） 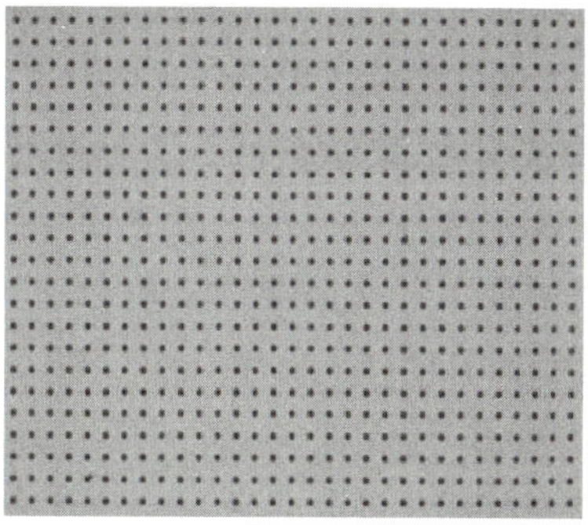 图 1–2　样本图像
畸变参数计算	分析工具：imatest 软件或其他图像质量分析工具，输出光学畸变图或者 SMIA TV 畸变图以及数据报告等
撰写测试报告	提取畸变数据：光学畸变、SMIA TV 畸变或 LGD 最大值等

知识点 2：测试设备设置

学习目标

能够正确设置测试设备的工作状态。

学习活动

观看测试设备正常工作状态演示视频，找出关键操作要点，并描述其正常工作状态规范要求。

知识点 3：环境光调整

学习目标

能够正确设置环境光的照度、色温数据。

能够准确调整测试卡表面照度均匀性。

能够描述两个单色光源色温调和原理。

学习活动

依据测试规格书要求，调整设备工作状态，达到测试标准所要求的条件和参数。

阅读材料：畸变测量环境光要求

CPIQ 推荐在手机相机畸变测量时使用色温为 D55（即 5 500 K）的光源。

如果实验测试条件有限，当没有色温 5 500 K 的光源时，可以考虑使用两个不同色温的光源通过混光的方式达到测试所需的色温要求。

例如，实验室有色温 D65 和色温 D50 的光源，其色温分别是 6 500 K 和 5 000 K，目标色温 5 500 K 在现有光源色温之间，因此能够实现 5 500 K 的混光。

假设光源 1 的色温为 T_1，光源 2 的色温为 T_2，当两个光源的亮度可调时，理论上可以得到色温满足以下条件：

$$T_1 < T < T_2$$

依据亮度相加原理，混合光色温的亮度是光源 1 的亮度 a_1 与光源 2 的亮度 a_2 的和，故可得色温 T 的计算公式：

$$T = a_1T_1 + a_2T_2$$

拓展练习

观看反射面光源操作演示视频，试推算 4 100 K 色温的环境光，可用 A、D50、D65 之中哪些组合光源实现，如果使用的组合光源亮度是线性的，计算混合色温光源的组成比例。

知识点 4：测量器材的使用

学习目标

能够掌握照度计的操作方法。

能够正确描述照度计仪的工作原理。

能够在教师的指导下正确安装三脚架、云台、导轨。

能够正确使用标准光源。

能够遵守仪器设备的操作规范，安全作业。

能够使用红外测距仪完成拍摄距离测量。

学习活动

任务情景：搭建测试环境，依据测试需求提供的设备清单，完成三脚架、云台、导轨的安装，并调整三脚架、云台使之处于水平状态；将测试用光源调整到的所需的色温和照度状态；使用照度计测量环境光色温与照度；使用红外测距仪完成距离测量。

学习方法：现场教学，仔细观看指导教师现场操作，边学边练。

活动 1

观看照度计展示及校准视频并观察工具、器材，写出照度计的操作方法并描述使用标准光源的过程与方法。

活动 2

观看云台操作演示视频，描述三脚架、云台和导轨的连接过程与方法；将三脚架、云台调试到水平状态；评价并诊断三脚架、云台是否处于水平状态。

活动 3

阅读红外测距仪器使用说明，完成“mm”单位距离测量的参数设置，测量教室地面与天花板之间的相对距离，测量 3 次求出平均值。

阅读材料：红外测距仪的面板介绍（图 1-3）

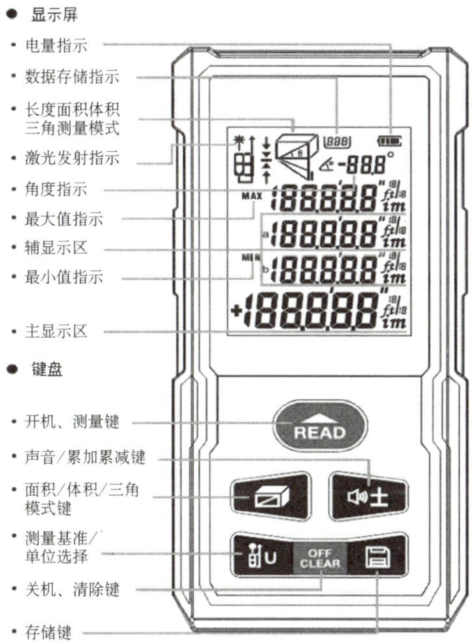

图 1-3　红外测距仪的面板介绍

知识点 5：待测设备成像表现调整

学习目标

能够完成待测设备畸变测量拍摄状态调整。

学习活动

自主阅读畸变测量样本图像拍摄要求，观看测试设备正常工作状态调整演示视频，找出关键操作要点，并描述其调整到拍摄状态的规范要求。

阅读材料：畸变测量样本图像拍摄要求

依据标准：IEEE Std 1858™—2016。

（1）测试条件及要求（表 1-6）

表 1-6　测试条件及要求

测试卡	光源		拍摄要求	
点状图测试卡	色温	照度	相机设置	图像要求
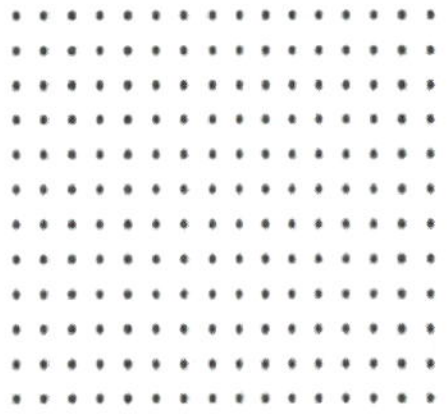	D55	800～1 000 lx	自动对焦、自动白平衡，关闭颜色模式调整，获取图像最大尺寸	测试卡必须填充视场；水平对齐，100% FOV
	注：如无 D55 色温光源，可用 D50 和 D65 光源混光得到	照度均匀性 ≥ 90%		

（2）光源照明方式

如图 1-4 所示，测试卡安装在中性色反射率为 18% 的灰色背景墙上，光源安放在测试卡两侧，光源发光面与测试卡表面夹角为 20°～45°，两侧光源同时发光，混合光照射在测试卡表面。光源的位置应在相机和测试卡之间，在相机的位置不应直接看见光源的发光面。安放照明设备和照相机的相对位置时，应尽量减少炫光，测试卡上不应有相机或者其他物体的投影。

（3）标准样本图像拍摄要求

① 点的大小和数量取决于相机的传感器像素数和视场，视场角为 100% FOV；

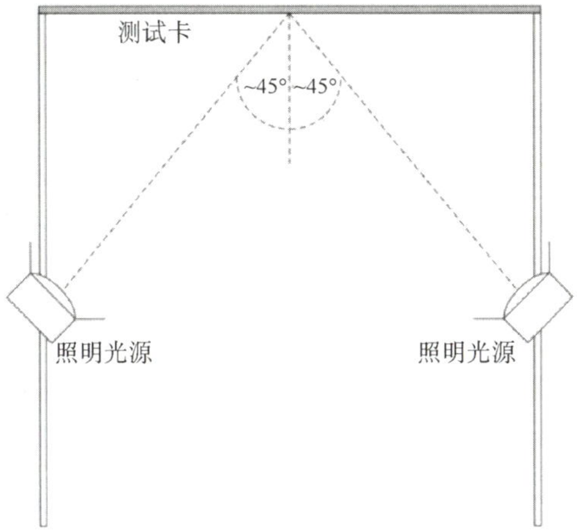

图 1-4　光源安放位置

② 高宽比为 4∶3 的图像上的点数不可小于 21×15 个；

③ 每个点的直径应不小于 10 个传感器像素；

④ 为便于计算网格，建议点的行数和列数为奇数，以便在中心有一个点；

⑤ 测试卡表面尽量平整，以避免由焦点和其他变化在非平面上的引起的伪影；

⑥ 测试卡面与相机的光轴垂直，测试卡中心和拍摄图像中心误差应在 ±3% 以内。测试卡未对齐将导致整个视场的结果不一致。

⑦ 相机放置的位置应能正确地框定测试目标。目标定向，使测试卡的水平边大致平行于相机取景器边框。

测量并记录相机与测试卡之间的近似距离。

（4）拍摄样本图像示例（图 1-5）

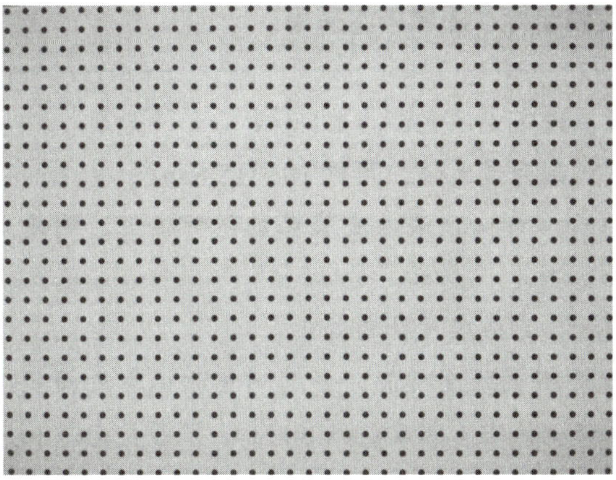

图 1-5　样本图像示例（33×25 个点）

知识点 6：样本图像拍摄

学习目标

能够正确测量拍摄距离。

能够正确判断并调整待测设备拍摄图像的畸变。

学习活动

活动 1

测量待测设备摄像头与测试卡中心之间的垂直距离，并做好记录。

活动 2

阅读拍摄过程操作指引，观看畸变因素说明、畸变参数讲解与畸变测量图像样本获取视频，掌握拍摄操作技巧。根据素材库中的测试任务书，拍摄 3～5 张符合要求的测试图，样本图像示例如图 1-6 所示。

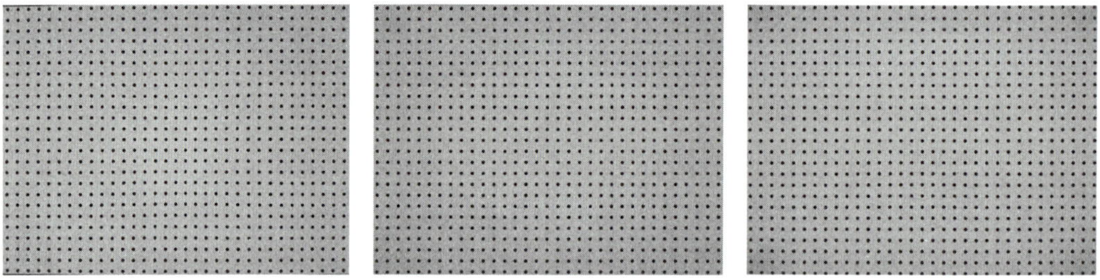

（a）　（b）　（c）

图 1-6　样本图像示例

阅读材料：畸变测量标准图像样本采集

（1）打开光源，设定光源色温为 D55 挡。

（2）设定亮度控制为最大值，预热 10～15 min。

（3）将点状图或棋盘格测试卡安装在灰色背板上，调整光源与背板夹角在 20°～45°范围内，如图 1-7 所示。

（4）打开照度计，完成照度计的校正。

（5）设定照度计测量照度功能，分别测量测试卡表面照度，调整光源照度和发光面方向，保证测试中心照度达到 800 lx，照度均匀性在 90% 以下。

（6）将测试相机固定在三脚架的云台上，调整云台为水平状态。

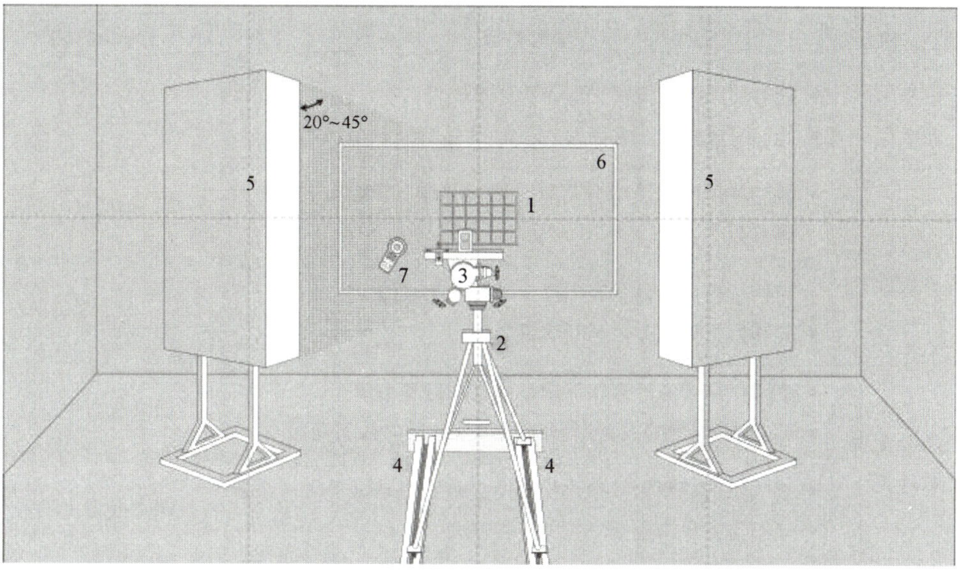

1—测试卡；2—三脚架；3—云台；4—导轨；5—多色温标准光源；6—观察台；7—照度计

图 1-7　测试环境示意

（7）调整三脚架使测试卡的像相对于相机显示屏居中，固定三脚架为水平状态。

（8）调整三脚架与背板的距离，使测试卡的图像充满相机取景器，视场角为 100% FOV。

（9）拍摄 3 张图像。

活动 3

根据拍摄测试图与素材库中的评价标准测试图质量指标规范，评价拍摄质量。

任务 2：畸变参数的测量及分析

通过对本任务的学习，能够获得的目标能力如表 1-7 所示。

表 1-7　任务目标

职业技能	学习目标	学习方式
测量样本图像导出	• 能够完成标准样本图像的抓取与存储 • 能够正确传输标准样本图像数据	自主学习

（续表）

职业技能	学习目标	学习方式
读取样本图像数据	• 能够使用图像浏览工具核验样本图像 • 能够完成样本图像变形的视觉判别	自主学习
图像分析工具参数设置	• 能够使用图像质量分析软件输出光学和 SMIA TV 畸变等参数图表	实训学习
	• 能够从畸变参数图表中提出畸变参数数值 • 能够依据畸变参数判断畸变类型	自主学习
镜头畸变参数计算	• 能够使用图像处理软件测量样本图像变形量 • 能够依据 CPIQ 标准计算图像畸变的最大几何变形	课堂或自主学习
	• 能够依据畸变测量参数分析镜头畸变的原因 • 能够与客户沟通提交检测报告报表	课堂或自主学习

知识点1：样本图像导出

学习目标

能够理解使用数据线可以直接导出样本图像的原因。

学习活动

描述使用数据线直接导出样本图像的原因，对比分析微信传输的图像与数据线导出图像的差别。

知识点2：畸变类型

学习目标

能够正确判断畸变类型。

能够理解光学畸变的概念及其与几何畸变的区别。

学习活动

观察提供的图像（图1-8、图1-9），挑出畸变的图像，并说明判断依据。

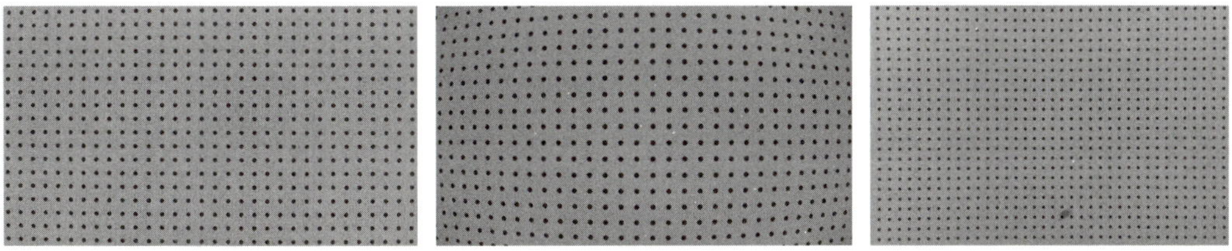

（a）正常形态　　（b）桶形畸变　　（c）枕形畸变

图 1-8　点状图

（a）正常形态　　（b）桶形畸变　　（c）枕形畸变

图 1-9　棋盘格

阅读材料：畸变类型

畸变，也称为失真，是摄影中常见的现象。

畸变一般是由镜头引起的，所以又称为镜头畸变。因为镜头利用光学成像原理，故也称为光学畸变。

镜头畸变是一种像差，会导致直线由图像中心向四边弯曲的情况，即图像边缘的扭曲。

光学畸变是光学透镜的固有特性。物体经过镜头成像后，物体间各个部分的相对比例被改变。

畸变是图像质量问题，大多数拍摄者认为镜头畸变会对图像质量造成最坏的影响。

从常见的畸变现象来看，畸变通常表现为 3 种类型：桶形畸变、枕形畸变和髭形畸变。

桶形畸变：从图像中心到图像边角，随着距图像中心距离的变大，光学放大倍率逐渐变小，表面看上去如圆桶，故形象地称之为桶形畸变，如图 1-10 所示。广角或鱼眼镜头（图 1-11）一般视角比较大，容易出现桶形畸变。

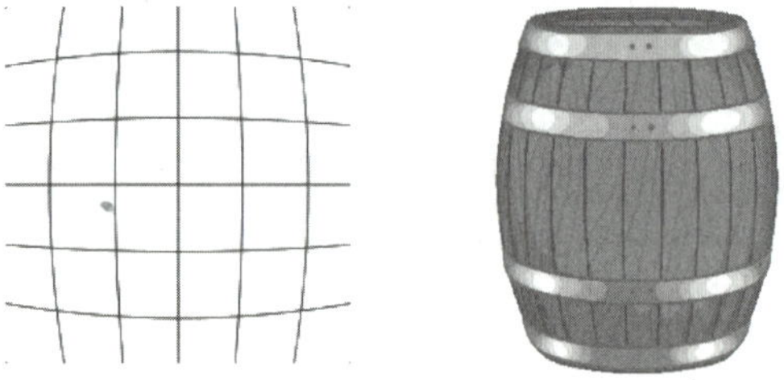

图 1-10　桶形畸变

图 1-11　鱼眼镜头

枕形畸变：从图像中心到图像边角，随着距图像中心距离的变大，光学放大倍率逐渐变大。看上去如针扎导致的凹陷表面，故形象地称之为枕形畸变，如图 1-12 所示。长焦（图 1-13）或变焦镜头容易出现枕形畸变。

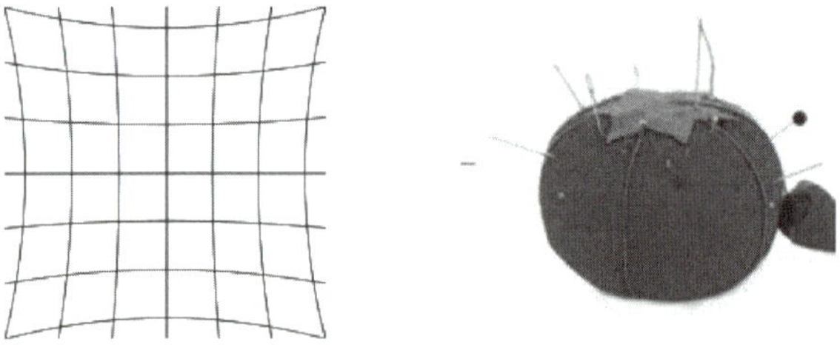

图 1-12　枕形畸变

图 1-13　长焦镜头

髭形畸变：桶形和枕形的组合形成的一种波浪或髭形长焦镜头失真，如胡须状，故形象地称之为髭形畸变，如图 1-14 所示。该畸变类型部分位置表现为桶形，部分位置表现为枕形。相对于桶形和枕形单一方向畸变来说，髭形畸变是更复杂的情况，也为失真校正带来了难度。复杂镜头（图 1-15）容易出现髭形畸变。

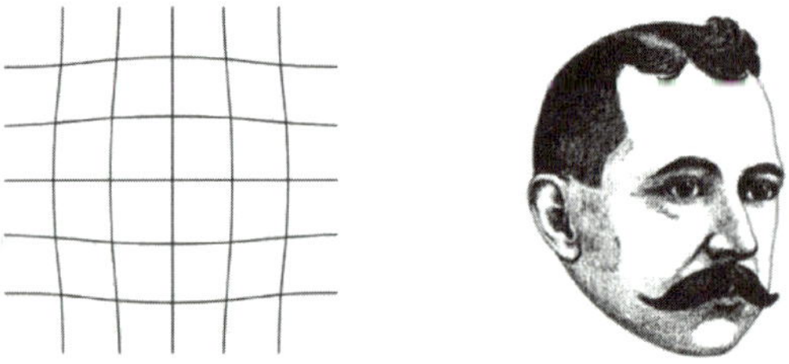

图 1-14　髭形畸变

图 1-15　复杂镜头

依据畸变知识点，使用手机去户外拍摄多个场景图像，挑选出有畸变的图像，并说明判断依据。

小贴士

可以拍摄 6 人成排的合影照或具有护栏的场景（远景拍摄）。

知识点 3：读取样本图像数据

学习目标

能够运用图像质量分析软件，读取样本图像数据。

学习活动

观看 imatest 畸变分析演示和几何模块演示视频，根据拍摄样本图像，获取样本图像畸变数据。

阅读材料 1：imatest 畸变分析（点状图测试卡）

imatest 软件支持分析点状图测试卡来测试成像系统的光学畸变和 SMIA TV 畸变。请自行学习素材库中的点状图模块分析操作文档与演示视频。

阅读材料 2：imatest 畸变分析（棋盘格测试卡）

（1）打开 imatest 软件，运行界面如图 1-16 所示。

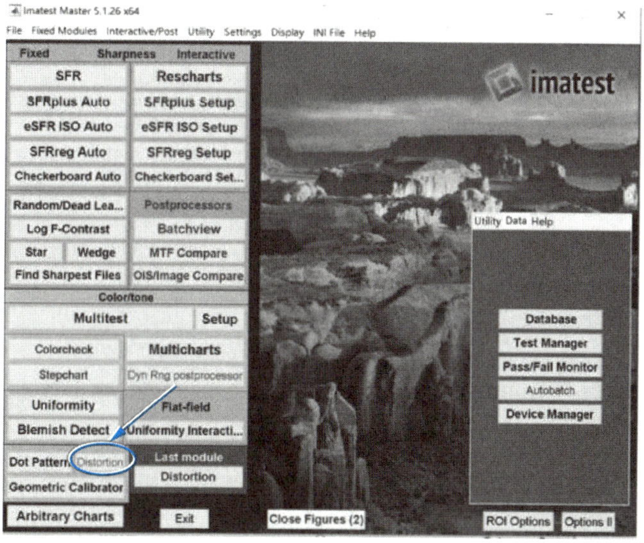

图 1-16　imatest 运行界面

（2）点击 imatest 主窗口左侧的“Distortion”按钮，直接找到棋盘格测试卡所在的位置，加载图片。如若畸变率不大，可以直接选择全图，如图 1-17 所示。

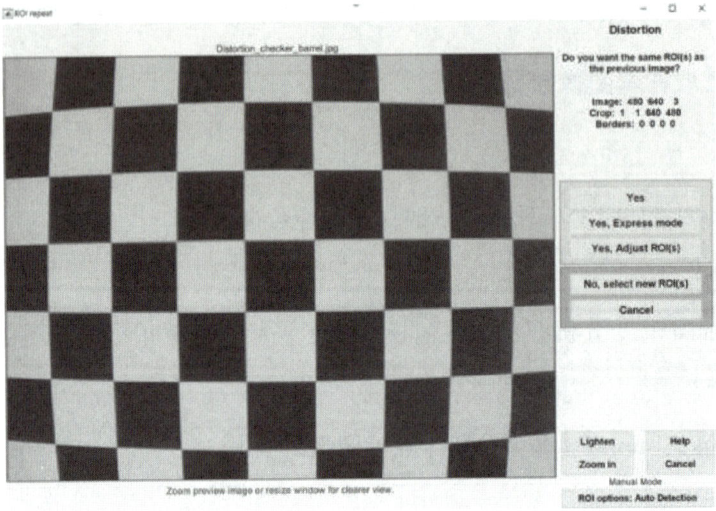

图 1-17 分析区域选择

（3）点击“Pattern”的下拉菜单栏，选择棋盘格模块（Checkerboard squares）选项，参数设置完毕后，点击“OK”按钮，如图 1-18 所示。

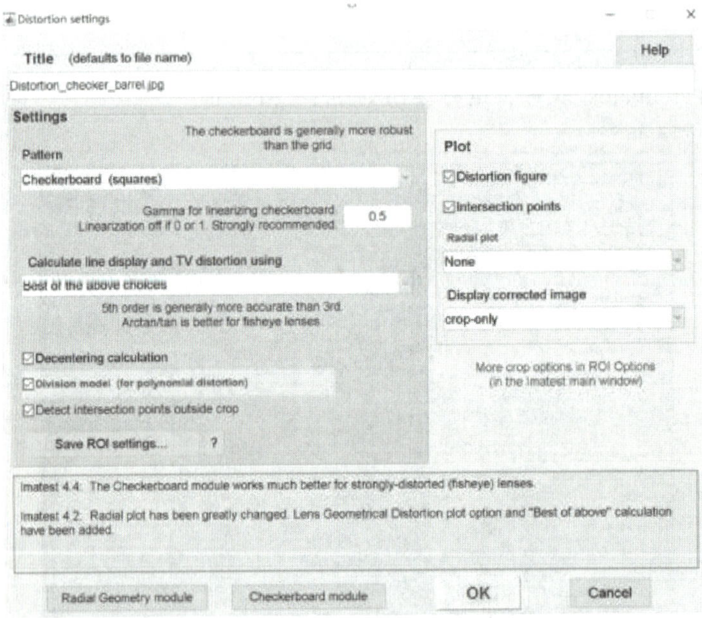

图 1-18 参数设置

（4）输出分析结果和图表，如图 1-19 所示。

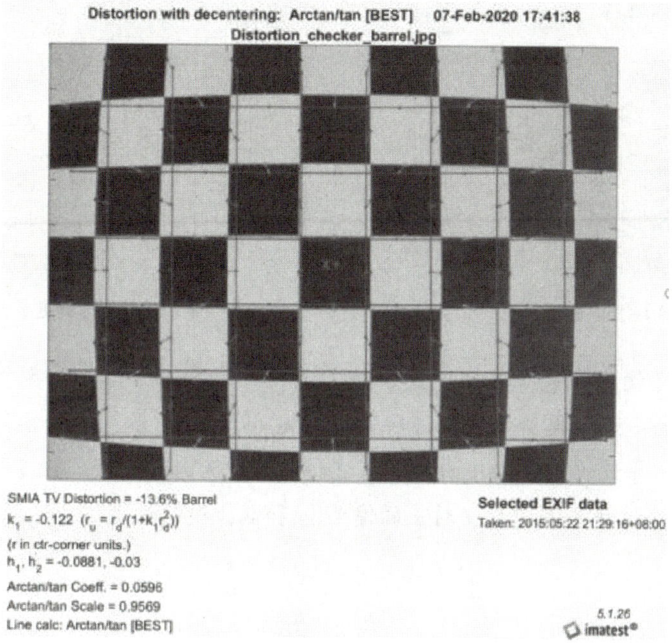

图 1-19　畸变分析结果（基于棋盘格测试卡）

知识点 4：畸变值计算

学习目标

能够理解畸变测试原理。

能够使用几何畸变公式计算畸变值。

学习活动

活动 1

自主学习阅读材料内容，依据畸变测试原理，设计畸变测量的测试图。

阅读材料：几何失真成因

（1）透镜畸变

理想镜头如图 1-20 所示，平行于透镜光轴的光线汇聚于焦点；近光轴的光线汇聚在近焦点像平面，形成图像中心；远离光轴的光线汇聚在远离焦点像平面，形成图像边缘。

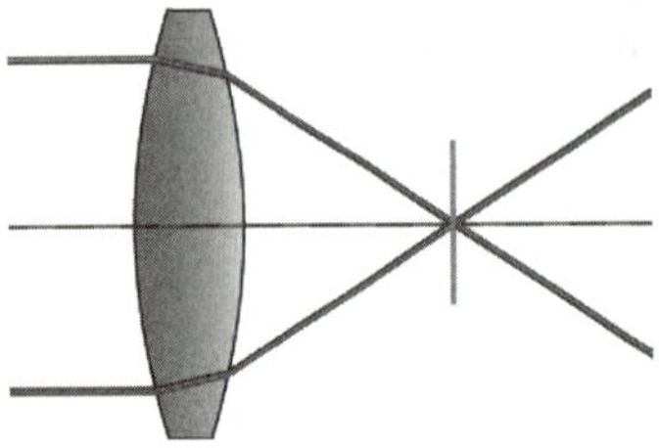

图 1-20 理想镜头

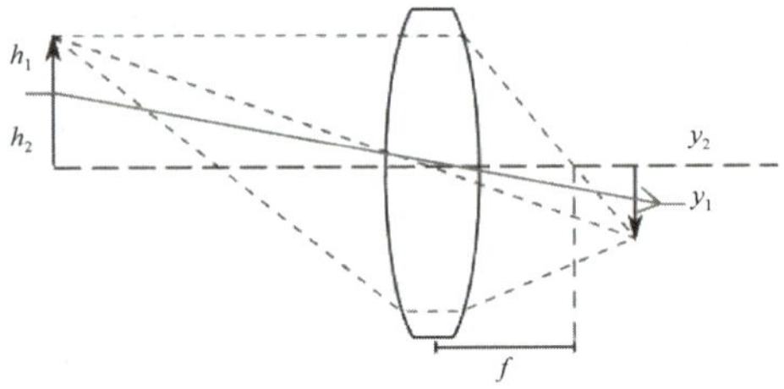

图 1-21 光学畸变

对于实际使用的镜头而言，镜头加工中表面曲率不同，表面各个部分的折射率有差别，会导致不同部分放大倍率不同，如图 1-21 所示，物体各部分之间的比例关系失衡，导致物体的像扭曲失真，这种情况即为光学畸变。图 1-21 中物体分为 h_1 和 h_2，经过镜头成像后，对应的像为 y_1 和 y_2，镜头放大倍率不同将造成：

$$\frac{y_1}{h_1} \neq \frac{y_2}{h_2}$$

即物和像之间的比例关系失衡，结果表现为光学畸变。

（2）透镜色差

由于镜头的散射现象，不同色光在摄影镜头下会导致图像中的物体周围特别是高对比度的情况下，可能出现模糊或明显的色彩边缘（红、绿、蓝、黄、紫、洋红），这种色彩边缘即为色差。

对于复色光而言，不同波长的光折射率不同，光学镜头无法将不同波长的光聚集到相同的焦平面。而且光的波长不同呈现的颜色也不同，因此会在焦平面色散，形成一个彩色光斑，这种彩色光斑称为镜头色差。

一个完美的镜头可以把所有波长聚焦到同一个点。实际上，每个波长在镜头上的折射率都是不同的，这导致了两种镜头色差：纵向色差、横向色差。

如图 1-22 所示，处于光轴外的物点经过透镜成像，物体的反射光线被透镜折射形象地分为两部分：一部分折射在焦点附近，不同波长的光折射率不同，结果是有的在焦点前，有的在焦点后，相对于焦点形成了位置上的差别，这种因位置差别导致的色差称为纵向色差；另一部分折射在远离焦点的边缘，复色光同样被分散形成不同颜色光，在相平面上不能重合，导致彩色蓝紫边，这种色差称为横向色差。

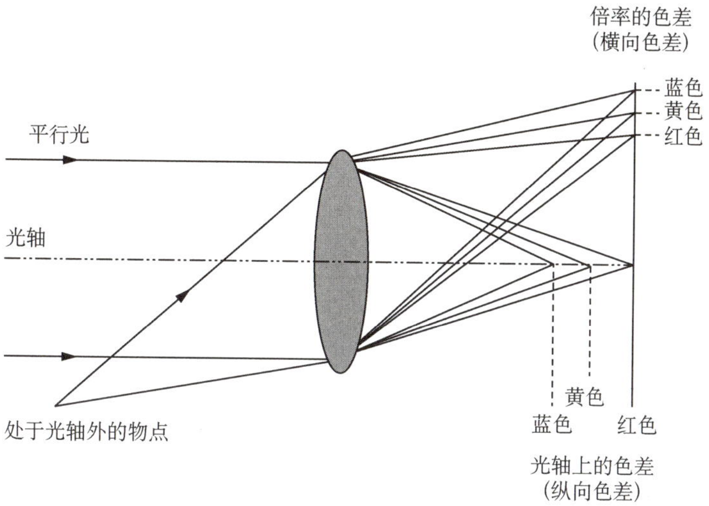

图 1-22　镜头色差

纵向色差（Longitudinal Chromatic Aberration，LoCA）是由于不同的色光波长通过镜头后不能汇聚在同一点上而形成的，如图 1-23 所示。纵向色差的图像会在物体边缘呈现出红、绿、蓝或这些颜色的结合，是一种位置色差。纵向色差可以通过缩小镜头光圈而大幅减小。强光快镜头比小孔慢速镜头更可能出现纵向色差。

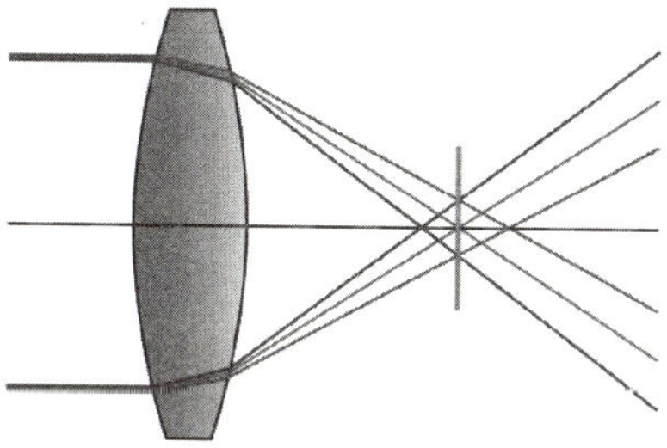

图 1-23　纵向色差

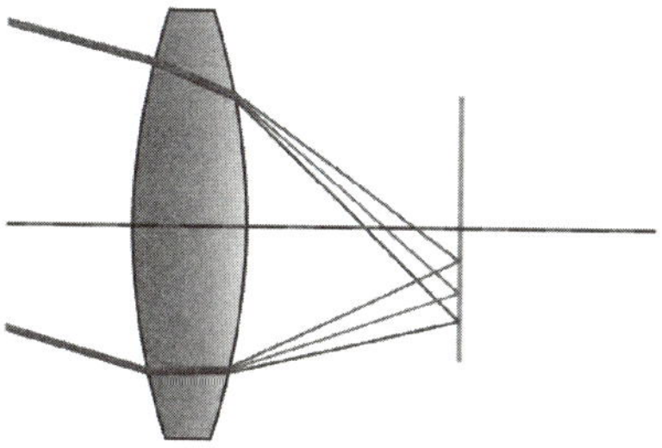

图 1-24　横向色差

横向色差（Lateral Chromatic Aberration, LCA）不同于纵向色差，它是一种倍率色差，不会出现在图面中间，只会出现在图像边缘高对比度的区域，如图 1-24 所示。蓝色和紫色经常出现在鱼眼、广角和低质量的镜头上。横向色差不能用缩小光圈来消除，但可以通过后期制作来消除。

活动 2

依据拍摄的点状图或棋盘格图像，使用图像处理软件测量图像中心圆点或方格元素的直径或边长像素数，以及测量图像边角位置元素的直径或边长像素数，计算畸变值，并换算为“mm”尺度。

阅读材料 1：几何畸变测试原理

（1）测试卡

两种测试卡的优缺点如表 1-8 所示。

表 1-8　两种测试卡的优缺点对比

测试卡	介绍	优点	缺点
棋盘格	非常精确，推荐应用	测量速度快，精确度高，用于相机校准非常好，也可用于计算调制传递函数（Modulation Transfer Function, MTF）和 LCA，其框架和对齐不是测量关键，拥有广泛的工作距离。其畸变计算结果好	只适用于棋盘格测试卡。棋盘检测可能很慢，但剩余部分的计算速度很快
点状图	CPIQ 标准推荐	符合 CIPQ 和 ISO 标准，也可测量 LCA	不容忍错位，计算速度较慢，可以添加在棋盘格中使用的算法，提高灵活性

当使用鱼眼相机进行畸变测量时，推荐使用棋盘格测试卡。

（2）手机畸变测试要求（CPIQ 标准）

在图像场中 LGD 定义为放大倍数的变化。畸变是直线出现了扭曲。一般来说，物体各个部分之间的比例在扭曲图像中得不到保护，这对于带有人物的图像场景来说是不合适的。畸变可以用一个 2D 映射图来描述，该映射图中给出了未失真图像中的点到实际失真图像中对应点的位移。图像中心通常假定没有畸变，中心位置的放大系数实际上定义了焦距。

LGD 可以用点状图测试卡测量，该卡是白色背景，卡上的黑点排列在规则网格位置上。对于移动设备来说，由于镜头的倾斜或偏心，LGD 可能不是径向对称的。注意，在下面的计算中，假设 LGD 是径向对称的。

（3）测试器材设置

① 测量器材：点状图测试卡、两台标准光源、测距仪、照度计、反光镜等。

② 照明要求：D55 色温、两侧打光。

光源的照明方式及标准样本图像的拍摄要求在本学习项目的阅读材料（畸变测量样本图像拍摄要求）中作了详细介绍，此处不再赘述。

测量时可以使用一个反光镜来帮助对准，如图 1–25 所示。反光镜校准操作如图 1–26 所示，首先将镜子紧贴测试卡的中心，然后调整相机的方向，直到相机镜头中心出现在相机取景器中图像中心的 ±3% 以内。达到该条件时，表明测试卡和相机正确对齐，此时可取走反光镜，准备拍照。

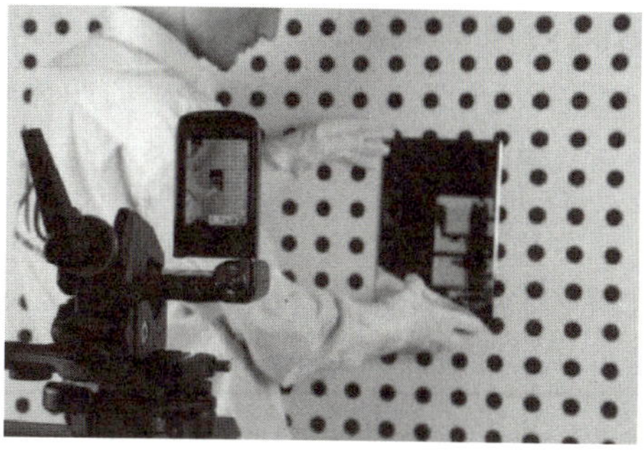

图 1–25　反光镜

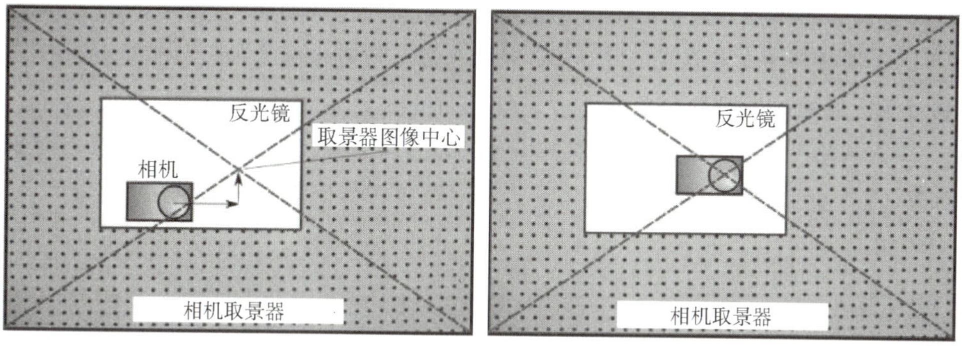

图 1–26　反光镜校准操作

③ 相机设置：为使噪点最小化，将相机设置为最小增益。白平衡应设置为自动白平衡。禁用所有特殊的颜色模式或阶调模式或设置为自动模式。压缩应设置为最小值（如果可用）。

④ 标注数据：焦距、聚焦距离、拍摄距离。

因为畸变取决于波长，所以也与光源和传感器的光谱响应有关。只需报告绿色通道的畸变。颜色通道之间的畸变差异被包含在色位移度量中，因此在这里不需要解决。

⑤ 注意事项：

（i）测试卡必须填充视场。因此，测试卡上点的大小和间距必须适应相机像素和视场（至少包含 300 个直径为 10 像素的点）；

（ii）对于可变焦距，焦距应设置为拍摄距离；

（iii）测试卡须与相机的光轴垂直，确保测试卡和相机正确对齐；

（iv）测试卡上点的连线最好是水平的或垂直的。

（4）分析方法

图像的中心应该没有失真。因此，网格位置 H 可以从图像中心及其附近几个点的位置来估计。每个检测点都提供了一个几何畸变的值。通过假设径向对称，畸变被绘制成到图像中心的距离的函数。

CPIQ 客观测量的 LGD 是图像场中畸变的最大绝对值。

计算步骤：

① 提取点；

② 精确地确定这些点的中心位置；

③ 将这些点的位置与理论位置进行比较；

④ 根据邻近中心像素的网格位置，计算平均网格间距向量。为提供在网格中的旋转的鲁棒性，使用一个向量来表示网格间距是必要的；

⑤ 图像的中心被认为是（0, 0）网格位置，所有未畸变的网格位置被计算为相对于图像中心的网格倍数；

⑥ 网格位置的几何畸变是实际网格位置的径向距离（H'）和距离理想网格位置（H）的径向距离之间的变化量，除以理想网格位置（H），再乘以 100%。

即

$$LGD = \frac{H' - H}{H} \times 100\%$$

如果 $H' < H$，则畸变为负值，为桶形畸变。如果 $H' > H$，则畸变为正值，为枕形畸变，如图 1-27 所示；

⑦ 计算每个有效网格位置的上述几何畸变值。这为局部畸变提供了一个二维数据集；

⑧ 拟合一个图像场（图像高度）相对每一个网格点 LGD 的三阶和五阶多项式函数。选择均方误差最小的多项式拟合方程；

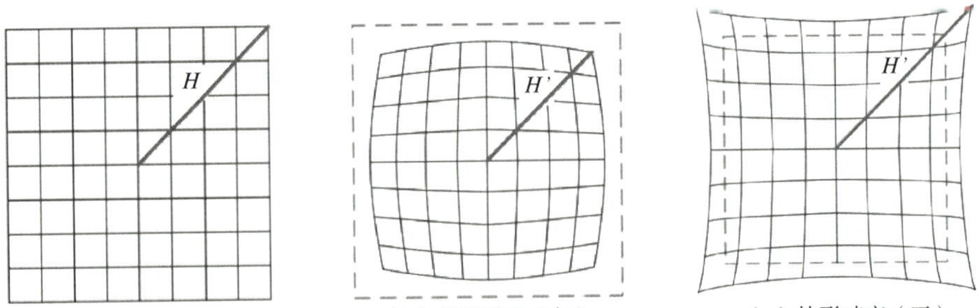

（a）未畸变网格　（b）桶形畸变（负）　（c）枕形畸变（正）

图 1-27　几何畸变类型

⑨ 几何畸变被绘制为图像的径向场（图像高度）相对于 LGD 选定的多项式

函数；

⑩ 客观度量用多项式拟合方程的最大绝对值表示，值的范围为 0～90%，以 1% 为增量。

（5）畸变计算示例

① 确立图像中心点坐标（$x/2, y/2$），如图 1-28 所示。

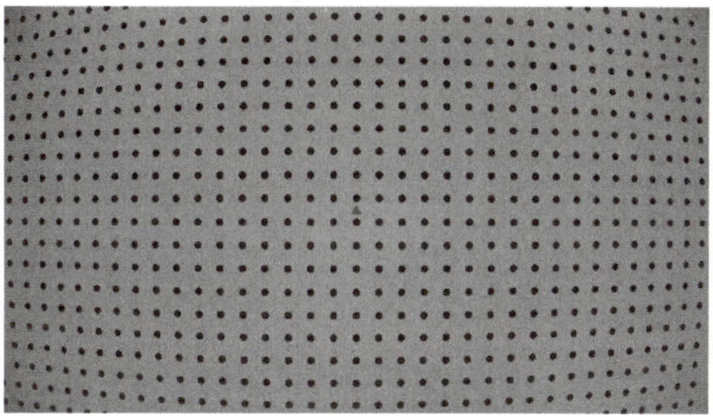

图 1-28　确立中心点

② 连接中心点四周点的中心做一个矩形 A，并计算矩形 A 的长（x）与宽（y），如图 1-29 所示。

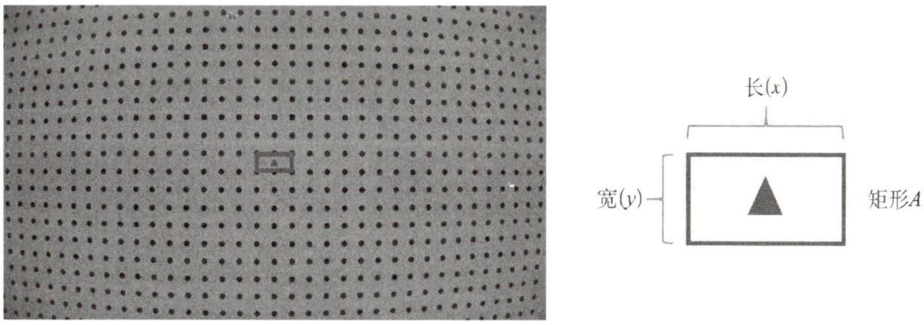

图 1-29　连接矩形

③ 依据矩形 A 的长、宽以及测试图的点数，推算未畸变测试卡点的位置，如图 1-30 所示。

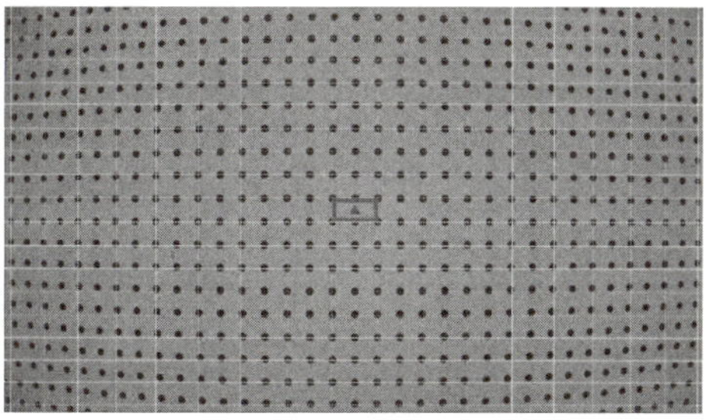

图 1-30　推算位置

④ 已知矩形中心点的坐标为 $(\frac{x}{2}, \frac{y}{2})$，计算（图 1−31）：

（i）中心点到实际位置 b 的实际距离 R_u；

（ii）中心点到理想位置 a 的理想距离 R_d（勾股定理可得）。

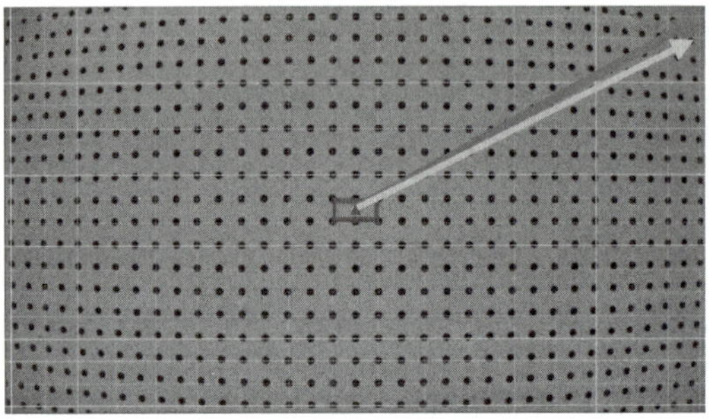

图 1−31　实际距离与理想距离

解：（i）测量拍摄图像中心点到边缘点 b 的实际距离 $R_u = 1\ 021$；

测量拍摄图像中心矩形长 $x = 126$，$y = 63$；

（ii）如图 1−32 所示，有

$$X = 126 \times 8 + \frac{126}{2} = 1\ 071$$

$$Y = 63 \times 8 + \frac{63}{2} = 535.5$$

理想距离 $R_d = \sqrt{X^2 + Y^2} = \sqrt{1\ 071 \times 1\ 071 + 535.5 \times 535.5} = 1\ 197$

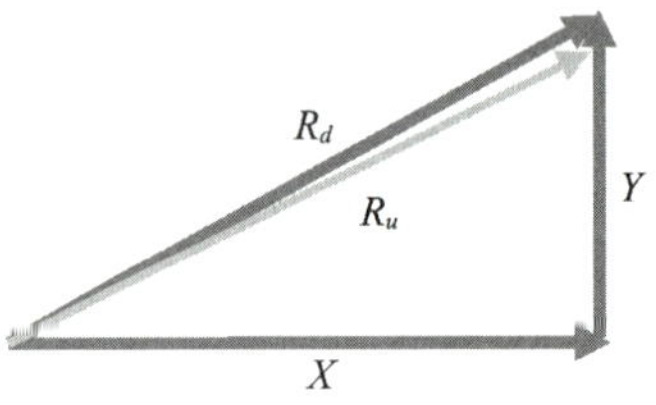

图 1−32

⑤ 利用几何畸变公式得出图像畸变值 LGD（桶形畸变＜0＜枕形畸变），校准前后的图像分别如图 1−33、图 1−34 所示。

$$LGD = \frac{R_u - R_d}{R_d} \times 100\% = \frac{1\ 021 - 1\ 197}{1\ 197} \times 100\% = -14.7\%$$

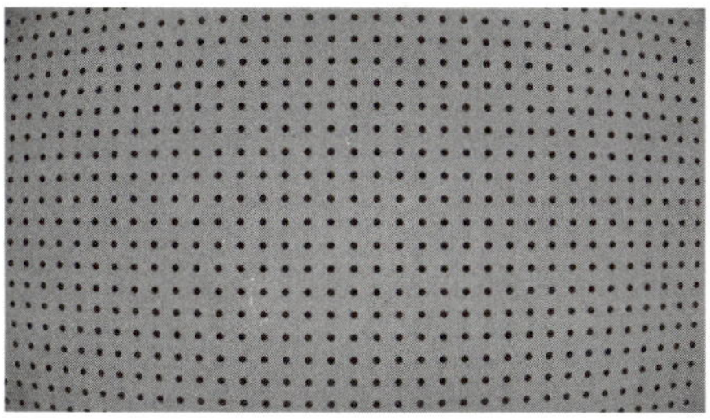

图 1-33　校准前

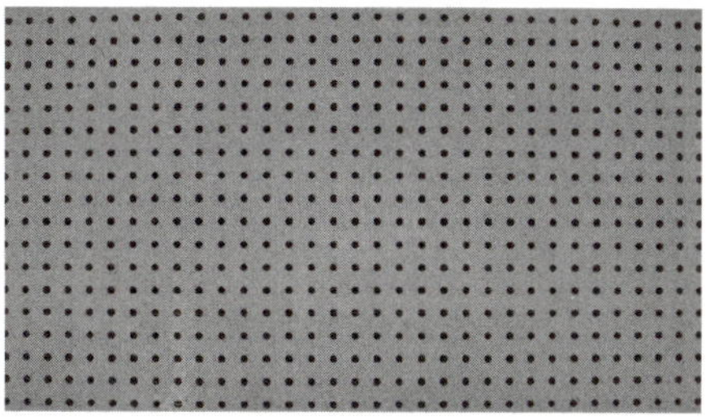

图 1-34　校准后

活动 3

根据获取的样本图像，使用图像质量分析软件，设定正确的参数，输出畸变分析结果。

活动 4

自主学习阅读材料内容，依据测试规格书，选择一款手机完成畸变测量，参考畸变测试报告模板，以学习小组为单位完成并提交素材库中的畸变测试实训报告。

阅读材料 2：畸变测试报告模板

畸变测试实训报告

填写实训信息，如表 1-9 所示。

表 1-9　基本信息

实训班级与拍摄时间					
项目组成员					
拍摄设备名称、品牌及型号					
焦距		曝光模式		设备像素数	
光圈		对焦模式		设备年限（月数）	

（1）原理及法则

① 畸变：是指图像失真，图像四边由直线变为曲线的现象。LGD 为局部几何扭曲。

② 类型：桶形畸变和枕形畸变是较常见的畸变类型。桶形畸变从四边向中间鼓起，犹如木桶形状。该图形假定镜头中心没有畸变或者有很小的畸变。枕形畸变从

中间向四边拉起，犹如枕头形状。该图形假定镜头中心没有畸变或者有很小的畸变。

③ 评价方法：

$$LGD = \frac{H' - H}{H} \times 100\%$$

当 *LGD* 为正值时为枕形畸变；*LGD* 为负值时为桶形畸变。

④ CPIQ 规定：拍摄的点状图数字图像中的圆点直径不能少于 10 个像素，对于 4：3 的点状图图像中点的数量不少于 20×15 个。

（2）测试条件（表 1-10）

表 1-10　测试条件

测试卡	点状图测试卡
光源	类型：IQL 自定义照明；色温：5 500 K；亮度：800 cd/m^2；一致性：＞ 90%
距离	100% FOV
曝光	AE（自动曝光）
白平衡	AWB（自动白平衡）
测试参数	最大光学畸变值
其他	安装于三脚架上，自动 ISO 模式

（3）结果

① 记录色温 5 500 K，照度 800 lx 动态范围下的测量数据至表 1-11 中。

表 1-11　测量数据

测量条件 1	色温：		光源照度：		
畸变	拍摄图像的行列数	拍摄图像的点数	畸变类型	测试卡圆点的直径	圆点之间的间距

② 分析测量结果，并将光学畸变最大值记录至表 1-12 中。

表 1-12　测量结果

光学畸变最大值	主观分值

③ 利用 imatest 软件输出的结果如图 1-35 所示。图中圆点图是相机获取的图像，通过与理想的无失真网格进行比较，呈现光学畸变。细线将圆点中心与理想网格点连接，呈现各个位置的畸变变化。

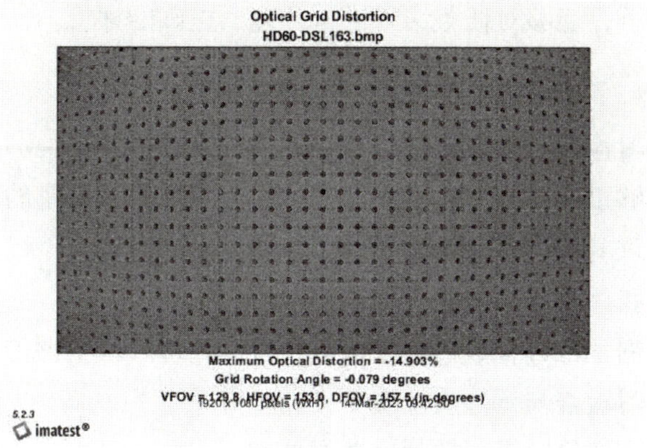

图 1-35　imatest 输出结果

图 1-36 是图 1-35 中各个“圆点位置”的畸变值绘制成的点图，用“+”表示。蓝色的线是各个位置畸变值拟合的走势线，表达了从镜头中心到四周的畸变趋势。

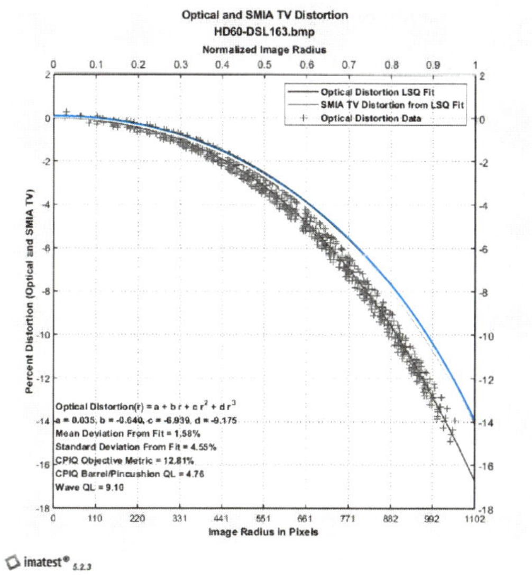

图 1-36　畸变趋势

1.4 检查与评价

学习目标

在教师的指导下，能够对任务结果进行合理、正确的评价。

学习活动

活动名称：学习检查与评价。

活动目标：能够正确使用学习检查与评价表，完成学习质量的评价。

活动时间：建议时长 10～15 min。

活动方法：自我评价 + 小组评价 + 教师评价。

活动内容：根据学习过程数据记录，进行自我评价、小组评价和教师评价。

活动工具：学习检查与评价表（表 1-13）。

活动评价：提交评价结果与教师反馈意见。

表 1-13 学习检查与评价

<table>
<tr><td>小组</td><td></td><td>课程名称</td><td></td><td>学习者</td><td colspan="2"></td></tr>
<tr><td colspan="7">学习任务与评价（满分 100 分）</td></tr>
<tr><td>项目任务</td><td colspan="3">考核指标（打“√”）</td><td>自我评分</td><td>组长评分</td><td>教师评分</td></tr>
<tr><td>资讯阶段（15 分）</td><td colspan="3">查找与项目有关的资料 □
主动咨询 □
认真学习项目有关的知识技能 □
团队积极研讨 □
团队合作 □</td><td></td><td></td><td></td></tr>
<tr><td rowspan="2">计划与决策阶段（15 分）</td><td colspan="3">完成计划方案（10 分）
计划内容翔实、可执行 □
思路清晰 □
团队合作 □</td><td></td><td></td><td></td></tr>
<tr><td colspan="3">分析计划方案可行性（5 分）
计划方案合理 □
任务清晰 □
时间安排合理 □</td><td></td><td></td><td></td></tr>
<tr><td rowspan="2">实施过程（50 分）按照重要和难易程度配分</td><td rowspan="2">专业技能评价</td><td colspan="2">标准样本图像的获取（30 分） □</td><td></td><td></td><td></td></tr>
<tr><td colspan="2">畸变参数的测量及分析（20 分） □</td><td></td><td></td><td></td></tr>
</table>

（续表）

方法与能力（10 分）	分析解决问题能力 □ 组织能力 □ 沟通能力 □ 统筹能力 □ 团队协作能力 □			
素质能力（10 分）	学习态度 □ 责任心 □ 质量意识 □			
教师评价： 教师签名： 评价时间：				

1.5 反馈与总结

学习目标

能够在教师的指导下对任务结果进行合理、正确的反馈与总结。

学习活动

活动名称：学习反馈与总结。

活动目标：能够在教师和小组长的带领下，完成 PPT 报告总结和视频总结。

活动时间：建议时长 30 min。

活动方法：自我评价 + 小组代表分享 + 教师评价。

活动内容：小组代表运用 PPT 总结形式完成课堂分享。教师布置课后作业，要求每位学生在组内以 PPT 报告的形式完成学习经验的分享，并将分享过程录制成视频，视频在下次课堂开始前提交。

活动工具：PPT 制作学习总结报告。

活动评价：提交反馈与总结结果 + 教师反馈意见。

以小组为单位，评选小组最佳作品或成果及最佳学习代表。

小贴士

学习评价既是一种学习方法，又是对学习过程进行总结与反思的最佳时机。不论学习者现在对专业技能掌握程度如何，都要多总结、多反思、多分享。在这个过程中，主要是提升和训练综合职业能力，如：协作能力、沟通表达能力和职业素养等。

1.6 巩固练习

在教师的指导下，完成“基于手机摄像质量畸变测量”项目实训任务。整理实训成果或总结，提交给教师审阅并听取教师的反馈意见。如遇到疑问或挑战，及时咨询教师。

学习项目 2:
数字图像噪点测量

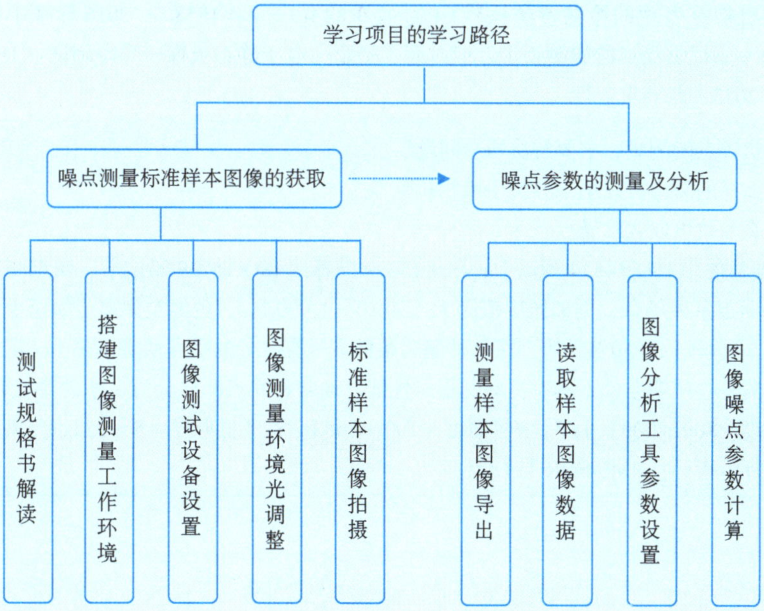

2.1 项目引入

1 学习情景

本项目的学习情景如表 2-1 所示。

学习项目 2 视频

表 2-1 手机相机摄像质量噪点测量

项目主题	手机相机摄像质量噪点测量
项目日期	
工作内容及要求	学习情景： A 公司发布了一款旗舰手机，因“夜间拍照也清晰、逆光拍照也自然”的广告语而备受欢迎。 B 公司一直将 A 公司作为对标公司，B 公司想把该款手机作为竞品，于是从市场上采购了一台，移交给检测部门进行测试。 像质检测部门负责检测该手机拍照的像质表现。请组织团队完成手机相机的噪点表现的测量。 手机相机噪点表现的检测参照执行 CPIQ 发布的 IEEE Std 1858™—2016 标准中第 10 部分——视觉噪点的检测要求，或参照《摄影—电子静态成像—噪声测试》(ISO 15739：2023）的要求进行
学习要求	手机相机噪点的测量，主要解决两个问题： （1）什么样的图像可以用来分析手机相机噪点？ （2）什么参数可以表示噪点？ CPIQ 推荐使用 ISO 14524 测试卡；ISO 15739 推荐用 ISO 15739 测试卡。噪点测量通常要涵盖多种场景，例如照度范围大（如 10～1 000 lx）、色温类型多（如至少包含 D55、钨丝灯 3 050 K）等。在一种照明条件下具有良好的噪点性能，并不一定意味着在另一种照明条件下具有良好的噪点性能。通常将噪点测试分为 3 种典型场景：①高照度（800～900 lx）；②中等照度（100～200 lx）；③低照度（5～25 lx）。 噪点的评价指标：RMS/SNR 与 CPIQ

2 获取资讯

根据学习过程任务的要求，完成基于噪点测量的项目，并自主学习知识概念和资讯信息。

知识概念：噪点的来源、噪点的测量方法、噪点的参数等。

资讯信息：ISO 14524 测试卡、ISO 15739 测试卡、相机拍照 ISO 与噪点的关系、拍照环境照度与噪点的关系等。

学习目标

能够正确查询或搜集关键知识清单中的知识概念和资讯信息内容。

能够用自己的语言初步描述知识概念的含义与资讯信息类型。

学习活动

活动 1

以小组为单位，在教师的指导下，通过工作手册阅读、网络查询和相关专业书籍查询，初步理解上述知识概念的内涵，制作并提交信息收集文档。

活动 2

写出噪点产生的影响因素，结合手机拍照体验这些因素如何影响数字图像噪点。思考为了减少拍摄某场景图像的噪点，应该怎么做？

3 项目目标

通过对噪点测量项目的学习，可达成的目标如表 2-2 所示。

表 2-2 项目目标

思政 / 素养目标	遵照标准规定工作，养成精益求精的工作习惯
	安全使用测量仪器及设备，具备安全意识
	认识构成相机的关键技术，具备科技报国的情怀
	服从组长的工作安排，具备团队合作意识
	培养并践行社会主义核心价值观
技能目标	能够解释噪点的影响因素
	能依据噪点检测标准设定检测环境参数
	能够完成样本图像抓取
	能够使用图像质量分析工具完成噪点表示参数输出
	能够分析噪点的表现，出具检测报告
知识目标	能够解释图像噪点的来源
	能够识别图像噪点的类别

（续表）

知识目标	能够解释噪点的测量原理
	能够明确 SNR、RMS 的异同
	能够理解噪点的评价方法

2.2 计划与决策

1 制订计划

学习目标

能够在教师的指导下制订出合理的“噪点测量”项目实施方案。

学习活动

阅读相关材料或咨询相关人员，提出实施方案，梳理主要的工作步骤和可能遇到的挑战，并将其整理出来提交给教师。

2 进行决策

学习目标

能够在教师或学习组长的指导下筛选并确定最佳的噪点测量实施方案。

学习活动

根据所提出的手机相机摄像质量噪点测量实施方案，说明完善此实施方案的想法。根据教师或小组成员的反馈意见进一步优化实施方案，最终确定噪点测量的实施方案，将最终实施方案整理并呈现出来。

2.3 学习任务

结合实施方案，完成以下学习任务。

任务 1：噪点测量标准样本图像的获取

通过对本任务的学习能够获得的目标能力如表 2-3 所示。

表 2-3 任务目标

职业技能	学习目标	学习方式
测试规格书解读	• 能够调查测试设备成像系统配置 • 能够认领测试规格书，确认测试要求	自主学习
搭建图像测量工作环境	• 能够正确描述数字图像质量检测工作对测量环境的要求 • 能够列举图像噪点测量所必备的软硬件	自主学习
	• 能够完成图像噪点测量所需的工具准备与查验 • 能够规范、安全操作测量仪器及设备	实训学习
图像测试设备设置	• 能够口述图像噪点测量所依据的行业标准要求	自主学习
	• 能够完成图像获取辅助设备的安装及调试 • 能够依据测试标准要求，配置噪点测量测试装置	实训学习
图像测量环境光调整	• 能够依据测试标准要求，配置环境光色温及照度 • 能够完成测试卡表面光照均匀性的调整	实训学习
标准样本图像拍摄	• 能够设置或初始化待测相机拍摄参数，减少检测结果的不确定性 • 能够正确拍摄标准的测试样图，符合规格书拍摄要求	实训学习

知识点 1：器材准备

学习目标

能够根据任务书要求，准备好所需实物器材。

能够解释工作环境搭建的规范与要求。

学习活动

活动 1

根据素材库中提供的工作环境仪器，挑选出完成搭建工作环境所需仪器设备，并按照相对位置摆放。

小贴士

器材清单信息请参考学习项目 1。噪点测试卡推荐使用素材库中的 ISO 14524 测试卡或 ISO 15739 测试卡等。

阅读材料：噪点测量所需设备及器材

噪点测量所需设备及器材如学习项目 1 表 1–5 所示。

活动 2

阅读理解工作环境搭建规范的内容，写出搭建工作环境的规范与要求。

阅读材料：工作环境搭建规范（表 2–4）

表 2–4 手机摄像头成像质量噪点测量的工作环境搭建规范

测试前准备	测试环境：暗房，中性色背景。 器材及工具：导轨、三脚架、云台、照度计、测距仪、ISO 14524/ISO 15739 测试卡、多色温标准光源、观察台、图像质量分析软件等
标准样图拍摄	要求：摄像头的位置应能正确地定位测试卡。测试卡上的垂直框架箭头用于调整放大倍数，水平和垂直线辅助定位测试卡中心。测试卡的水平边缘平行于相机取景器框架边线，最小测量色块的大小为 64 × 64 px
噪点参数计算	分析工具：imatest 软件或其他图像质量分析工具，输出 SNR 图或者 CPIQ 视觉噪点等
撰写测试报告	提出参数数据：RMS、SNR 及 CPIQ 视觉噪点等

知识点 2：色温、照度、亮度、照度均匀性

学习目标

能够正确测量并调整光源的照度、色温、亮度数据。

能够利用“5 点”测量法调整照度均匀性。

学习活动

观看照度均匀性测量演示视频。自主学习阅读材料内容，依据测试规格书示例，调整测试卡表面照度均匀性，达到规格书的要求。

小贴士

操作流程：测量→计算→评价→调整（多次重复）。

阅读材料 1：测试规格书示例及说明

（1）信噪比的测试规格书示例（表 2–5）。

表 2-5 信噪比的测试规格书

测试项目	参数定义	测试环境
信噪比（SNR）	噪点：图像密度的随机变动，低照度下，噪点会显著增加，噪点可分为时域噪点和固定噪点，或分为亮度噪点和色彩噪点	测试卡：ISO 15739 或 ISO 14524； 光源色温：D65（6 500 K）和 A 光（3 050 K） 照度：2 000 lx/800 lx/25 lx； 照度均匀性：大于 95%； 辅助设备：三脚架，云台，夹具，测试卡切换装置等； 测试环境：18% 中性灰暗室

（2）测试规格书说明

① 噪点测量通常要在照明条件范围跨度大的场景中完成。

② 环境亮度：光源照度跨度范围为 0～1 000 lx，如在 10～1 000 lx 照度范围内来表征相机在低、中、高光条件下的噪点性能。低光测量相机的可读噪点，中光测量相机的量子效率（QE），高光测量相机的全阱容量。

③ 环境色温：多种色温场景，例如，D65 和钨丝 A 光（3 050 K）。由于缺乏蓝光，在钨丝灯照明环境下的成像通常会产生最高的噪点。相机在一种照明条件下具有良好的噪点性能，并不一定意味着在另一种照明条件下具有良好的噪点性能。在弱光条件下测量噪点时，光源的稳定性是非常重要的，即使是 1 lx 的漂移也可能改变 10% 的照明效果。

④ 光源与测试卡组合的均匀性要求：

（i）光源应预热且稳定，在光测量时间与图像曝光时间内，测试卡中心平均照度的标准差与均值之差应在 ±2% 以内。

（ii）测试卡需两侧打光，保持均匀照明，同一测试卡中任何色块的测量照度相对于测试卡中心平均照度的标准差与均值之差应在 ±5% 范围内，即均匀性大于等于 95%。

（iii）为便于多个摄像机比较，所有摄像机的图像采集过程中，测试卡中心的平均照度的标准差与均值之差应在 ±2% 以内。

（iv）反射型测试卡拍摄时，要防止照明光源的光直接照射相机镜头。

（v）透射型测试卡应避免任何镜面反射光。测试卡背景应为光谱中性灰色。

⑤ 相机设置：视觉噪点测量要记录并报告不同场景的照明水平。对于每个视觉噪点测量值，应报告现场照度、色温、曝光（如果可用）和增益（如果可用）。

⑥ 成像要求：相机的位置应能正确地定位测试卡。测试卡上的垂直框架箭头用于调整放大倍数，水平和垂直线辅助定位测试卡中心。拍摄测试卡时应使测试卡的水平边缘平行于相机取景窗口框架线。

阅读材料 2：ISO 15739 测试卡介绍

ISO 15739 测试卡包含 15 个灰阶，如图 2-1 所示，其中测试卡编号 1～12 为环状分布的灰阶，编号 13～15 为水平分布在中心区域的灰阶。ISO 15739 测试卡各个灰阶的排序及密度数据如表 2-6 所示。

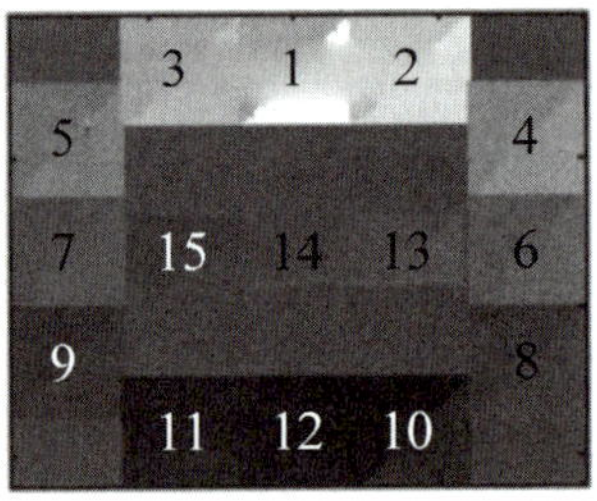

图 2-1　ISO 15739 测试卡

表 2-6　ISO 15739 测试卡排序及其光学密度

1（0.1）	2（0.19）	3（0.3）	4（0.41）	5（0.53）	6（0.66）
7（0.81）	8（0.97）	9（1.17）	10（1.39）	11（1.66）	12（2.0）
13（0.77）	14（0.90）	15（1.05）			

ISO 15739 测试卡测量场景布局如图 2-2 所示。

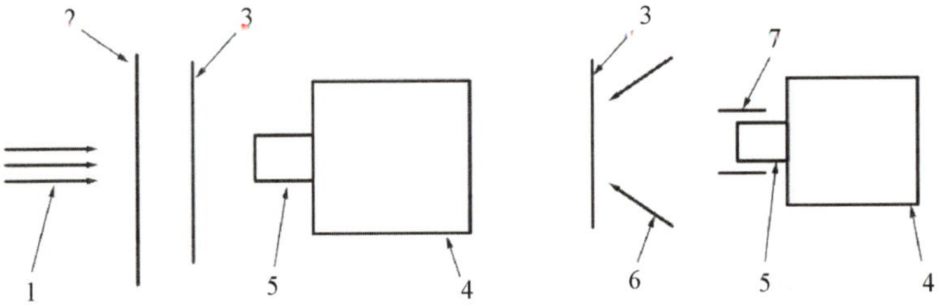

（a）透射类测试卡场景布局　（b）反射类测试卡场景布局

1—光源发出的光；2—扩散器；3—测试卡；4—待测相机；5—镜头；6—45° 方向的照明光源；7—遮光板

图 2-2　ISO 15739 测试卡测量场景布局

知识点 3：ISO 14524 测试卡

学习目标

能够描述 ISO 14524 测试卡的构成、特点及应用。

能够描述新版和旧版测试卡的区别。

学习活动

自主学习阅读材料内容，根据素材库中的测试卡实物图，描述测试卡的色块排列特点和用途。

阅读材料：新版 ISO 14524 测试卡

新版测试卡符合 ISO 14524：2009 标准 OECF 测试卡的要求，如图 2-3 所示。

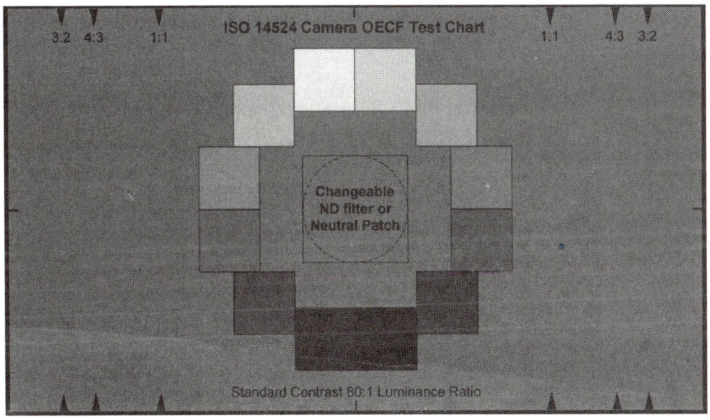

图 2-3　新版 ISO 14524 测试卡

测试卡色块密度的不均匀性应小于预期待测相机噪点水平的十分之一，测试卡的任何图像部分空间频率应至少大于相机极限分辨率的十倍。

注意：

① 最小测量色块的像素大小为 64×64 px。依据这个规定，测量 VGA（640×480 px）等低分辨率移动设备相机，也可以使用 12 色块的 OECF 测试卡。12 色块的 OECF 测试卡的色块尺寸是图像高度的$\sqrt{2}/9$倍。满足 VGA 相机获取一个 75×75 px 的色块的条件。

② 不得使用以半色调图案打印的透射类测试卡。

新版测试卡中心设计有可更换中性灰滤色片的位置，可帮助待测相机正确曝光，这个设计相对于旧测试卡是一个大大的改进。实际上，这是一个可变的中央曝光补偿色块。对于反射卡而言可以是一个可变的中央反射色块，而对于透射卡而言，可用一个可变的中央中性密度减光滤色片来实现位置的更换。测试卡背景的照度值应在 OECF 色块围绕区域内且在曝光补偿色块区域之外测量。

知识点 4：待测设备成像表现调整

学习目标

能够正确判断并调整待测设备获取图像的长宽比。

学习活动

观看测试设备正常工作状态演示视频，描述待测设备获取图像的长宽比。

小贴士

物距、像平面、图像畸变参考学习项目 1 相应知识内容。

知识点 5：测试设备设置

学习目标

能够正确设置测试设备的工作状态。

学习活动

观看测试设备正常工作状态演示视频，找出关键操作要点，并描述其正常工作状态规范要求。

知识点 6：样本图像拍摄、拍摄操作规范

学习目标

能够遵守操作规范及着装要求。

能够正确拍摄标准的测试样图，符合规格书拍摄要求。

学习活动

活动 1

学习理解实验室管理规范，观看噪点测量演示视频，找出不当行为并说明原因。

阅读材料 1：实验室管理规范

图像质量检测实验室日常管理规定

（1）安全管理规定

① 实验室的钥匙统一由实验室管理员管理，使用实验室前须向管理员提出申请。

② 切实做好四防（防火、防盗、防破坏、防灾害事故）、四关（关门、关窗、关水、关电），以确保实验室安全。

③ 绝对禁止带打火机或其他火种进入实验室，禁止在实验室内抽烟，扔烟头。

④ 注意用电安全。

⑤ 定期检查电线线路，消防器材等。

（2）人员管理规定

① 进入和离开实验室需登记信息。

② 外来人员得到实验室管理员许可，登记个人信息后方可进入实验室。

③ 在实验室必须遵守实验室的各项规章制度，爱护设备，保持室内安静，严禁带食物饮料进入实验室、乱扔垃圾、大声喧哗、打闹。

（3）设备管理规定

① 实验前必须充分熟悉实验内容、方法，并详细阅读仪器说明书，严格按操作规程操作。

② 仪器使用完毕后，放回原来的位置，并整理桌面，认真填写仪器的使用记录，发现故障应及时报告。因违反操作规程所致仪器损坏者要追究责任，并根据有关规定处理。

③ 实验过程中不得随意离岗。

④ 实验中要注意人身安全，牢固树立“安全第一”的观念，要严守操作规程，爱护仪器设备。

阅读材料 2：6S 知识概念

6S 包含以下 6 项。

整理（Seiri）——将工作现场的所有物品区分为有用品和无用品，将有用品留下，并将无用品清理。

目的：腾出空间，空间活用，防止误用，保持清爽的工作环境。

整顿（Seiton）——把留下来的必须要用的物品依规定位置摆放，并放置整齐加以标识。

目的：工作场所一目了然，消除寻找物品的时间，营造整整齐齐的工作环境，消除过多的积压物品。

清扫（Seisou）——将工作场所清扫干净，创造良好的工作环境。

目的：稳定品质，减少工业伤害。

清洁（Seiketsu）——将整理、整顿、清扫进行到底，并且制度化，经常保持环境处在整洁美观的状态。

目的：创造明朗的工作环境，维持上述 3S 推行成果。

素养（Shitsuke）——每位成员养成良好的习惯，并遵守规则，培养积极主动的精神。

目的：促进良好行为习惯的形成，培养遵守规则的员工，发扬团队精神。

安全（Safety）——重视成员安全教育，每时每刻都要有安全第一观念，防患于未然。

目的：建立及维护安全生产的环境，所有的工作应在安全的前提下开展。

6S 之间彼此关联，整理、整顿、清扫是具体内容；清洁是指将 6S 实施的做法制度化、规范化，并贯彻执行及维持结果；素养是指督促每位员工养成良好的习惯，并遵守规则做事，开展 6S 容易，但长时间的维持必须靠素养的提升；安全是基础，要尊重生命，杜绝违章。

活动 2

观看噪点因素说明视频，理解阅读材料，学习拍摄技巧。根据以下提供的测试任务书（图 2-4），拍摄 3～5 张符合要求的测试图如图 2-5 所示。

测试规格要求：
测试用光源：D55（5 500 K）、TL84（4 100 K）、INC（2 800 K）
测试用照度：1 000 lx、100 lx、25 lx
照度均匀性：大于 90%
测试卡：ISO 14524
取景大小：50%～70%
分析参数：RMS、SNR

图 2-4 测试任务书

（a）色温 D55，照度 1 000 lx　（b）色温 TL84，照度 100 lx　（c）色温 INC，照度 25 lx

图 2-5　测试图示例

阅读材料：噪点测量标准图像样本采集

（1）打开光源，设定光源色温为 D65 挡。

（2）设定亮度控制为最大值，预热 10～15 min。

（3）将拍摄测试卡安装在灰色背板上，调整光源与背板夹角在 20°～45°范围内，如图 2-6 所示。

图 2-6　拍摄环境

（4）打开照度计，完成照度计的校正。

（5）设定照度计测量照度功能，分别测量测试卡中心的照度和四角的照度，记录照度值。

（6）边测量边调整标准光源亮度控制挡，保证测试卡中心照度为标准要求的值，如 900 lx。

（7）边测量边调整标准光源相对于背板的距离和夹角，保证测试卡中心和四角的照度容差控制在 5% 以内，如（900±50）lx。

（8）将测试相机固定在三脚架的云台上，调整云台为水平状态。

（9）调整三脚架使拍摄的测试卡图像相对于相机显示屏居中，固定三脚架为水平状态。

（10）调整三脚架与背板的距离，使测试卡的图像大约占取景范围的 50%～70%。

（11）关闭相机所有与色彩调整相关的功能，调整相机为自动对焦模式等，拍摄 3 张图像，获取图像样本。

活动 3

根据活动 2 拍摄测试图，根据评价标准测试图质量指标规范要求，主观评价拍摄质量。

任务 2：噪点参数的测量及分析

通过对本任务的学习，能够获得的目标能力如表 2-7 所示。

表 2-7 任务目标

职业技能	学习目标	学习方式
测量样本图像导出	• 能够完成标准样本图像的抓取与存储 • 能够正确传输标准样本图像数据	自主学习
读取样本图像数据	• 能够使用图像浏览工具核验样本图像 • 能够完成样本图像直方图统计参数的读取	课堂或自主学习
图像分析工具参数设置	• 能够使用图像质量分析软件输出 RMS 噪点和 SNR 噪点等参数图表 • 能够从噪点参数图表中提取噪点参数数值	课堂或实训学习
图像噪点参数计算	• 能够讲述图像噪点 RMS 值的来历，并能够计算 RMS • 能够讲述图像噪点 SNR 值的来历，并能够计算 SNR	课堂或实训学习
	• 能够依据行业标准评价设备噪点表现 • 能够根据噪点测量的任务要求，完成手机的噪点测量报告	课堂或自主学习

知识点 1：样本图像导出

学习目标

能够理解使用数据线可以直接导出样本图像的原因。

学习活动

描述使用数据线直接导出样本图像的原因。对比分析微信传输的图片与数据线导出图片的差别。

知识点 2：噪点

学习目标

能够理解噪点概念。

能够描述图像噪点产生的原因。

学习活动

活动 1

在如图 2-7 所示的添加杂色的均匀色块中找出“恰可分辨出视觉噪点”的色块，并使用 Photoshop 中的“噪点模拟功能”，参照图中参数进行视觉噪点临界值辨别实验。

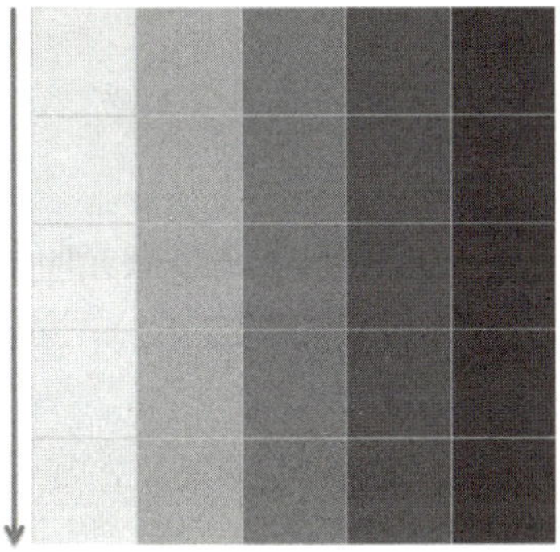

L=90	L=70	L=50	L=30	L=10
添加杂色 1% 标准偏差 2.9	添加杂色 1% 标准偏差 6.57	添加杂色 1% 标准偏差 2.84	添加杂色 1% 标准偏差 5.51	添加杂色 1% 标准偏差 2.94
添加杂色 2% 标准偏差 5.03	添加杂色 2% 标准偏差 7.38	添加杂色 2% 标准偏差 4.97	添加杂色 2% 标准偏差 7.10	添加杂色 2% 标准偏差 5.06
添加杂色 3% 标准偏差 7.72	添加杂色 3% 标准偏差 9.54	添加杂色 3% 标准偏差 7.98	添加杂色 3% 标准偏差 9.18	添加杂色 3% 标准偏差 7.84
添加杂色 4% 标准偏差 9.95	添加杂色 4% 标准偏差 11.43	添加杂色 4% 标准偏差 9.98	添加杂色 4% 标准偏差 11.12	添加杂色 4% 标准偏差 10.0

图 2-7　添加杂色的均匀色块

活动 2

更改手机 ISO 值设置（至少 3 个），在暗房内布置场景拍摄图像，比较拍摄的图像，讨论 ISO 值与噪点的关系。

（1）同样的拍摄环境，曝光时间 S 不变，由小到大调整 ISO 参数，拍摄图像如图 2-8 所示。观察手机屏幕的画面变化，并记录下来。

图 2-8　拍摄图像 1

（2）同样的拍摄环境，调整 ISO 和 S 的组合，保持画面亮度趋于不变，拍摄 3 张照片，如图 2-9 所示。在看图软件中并列显示照片，对比观察所拍摄的数字照片和噪点的表现，并写出来。（注：上传拍摄的图片，并注明 ISO 和 S 参数值）

图 2-9　拍摄图像 2

活动 3

更改手机曝光设置（至少 3 个），在暗房内布置场景拍摄图像，比较拍摄的图像，讨论曝光值与噪点的关系。

（1）布置一个稳定的拍摄环境，ISO 不变，由小到大调整曝光时间 *S* 参数，拍摄的图像如图 2-10 所示。观察手机屏幕的画面变化，并记录下来。

1/4 000　　1/125　　1/2

图 2-10　拍摄图像 3

（2）同样的拍摄环境，调整 ISO 和 *S* 的组合，保持画面亮度趋于不变，拍摄 3 张照片，如图 2-11 所示。在看图软件中并列显示照片，对比观察所拍摄的数字照片和噪点的表现，并写出来。

1/50※550　　1/80※1 250　　1/250※3 200

图 2-11　拍摄图像 4

活动 4

自主学习阅读材料内容，观看噪点概念讲解视频，理解噪点的几大影响因素。讨论长曝产生的噪点和高感产生的噪点哪个更严重并展示讨论结果。

阅读材料：图像噪点的影响因素

（1）像素。简单地说，像素越大，到达传感器的光子就越多，因此对于给定的曝光，信噪比越好。光子产生的电子数和全阱（电子）容量与传感器面积（也称作量子效率）成正比。噪点功率也与传感器面积成正比，但噪点电压与功率的平方根成正比。

（2）图像传感器技术和制造。对于给定的像素，背面照明传感器具有优越的噪点和信噪比性能，通过对比相机的 Shannon 信道容量，可以观察到一种改进。直到 2000 年，CMOS 仍被认为具有更糟糕的噪点，但它已经发展到几乎完全主导整个行业的程度。随着时间的推移，图像传感器设计和制造的其他方面也在逐步改进。

CMOS 传感器的原理如图 2-12 所示，光线通过镜头照射到传感器 CMOS 上，传感器将光子转换为电子，存储在电子阱中，形成一定的电压；模数转换器依据电压差将电信号转换为数字信号，这些数字值即是数字图像的亮度等级。

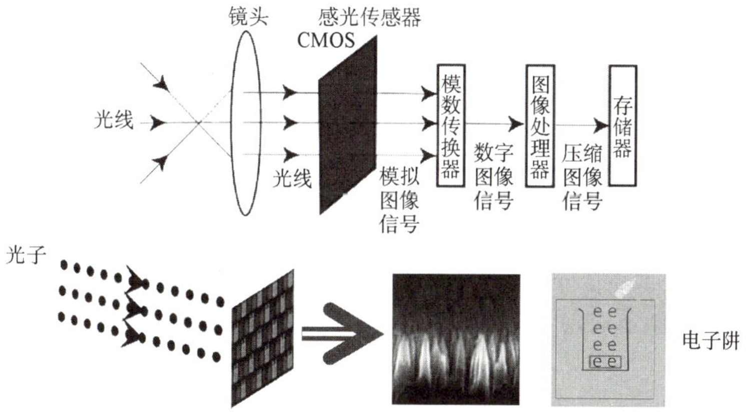

图 2-12　CMOS 传感器原理

在大像素的数码相机中（像素间距≥ 3 μm），噪点会非常少。

在小型数码相机中，噪点较多，如手机相机、Pad 等。

单反相机能轻松拥有 1 mm 大小的传感器，是手机传感器大小的 4～5 倍。

（3）ISO 速度（曝光指数）设置。数码相机通过放大像素输出的信号（连同噪点）来控制 ISO 的速度。ISO 速度越高，曝光时间越短（到达传感器的电子越少），信噪比就越差。为了充分描述传感器的特性，应该以最低的 ISO 测量噪点。对于实际应用而言，高 ISO 下的性能也是值得关注的。

（4）曝光时间。弱光的长曝光往往比强光的短曝光噪点多，也就是说，曝光时间长短对噪点的作用不是绝对的。要充分描述传感器的特性，应该在长曝光时间（至少几秒钟）测量噪点。

（5）数字处理。图像传感器通常有 12 位模数转换器（A/D）。当图像转换为 8 位（24 位颜色）JPEG 时，噪点略有增加。如果进行更多的图像处理，噪点的增加情况可能会更糟（可能出现“带状”）。因此，通常最好转换为 16 位（48 位颜色）文件。输出文件位深度对 RAW 格式文件的噪点测量影响不大。

（6）RAW 转换。相机内 RAW 转换器，用于创建相机 JPEG 文件。JPEG 文件转换在平滑的图像区域会应用降噪（低通滤波），在图像边缘附近区域会应用锐化；即使降噪和锐化关闭，也会影响噪点测量，使测量传感器的噪点真实性能变得困难。

如图 2-13 所示，相机的曝光三角形比较好地说明了相机参数与图像噪点的关系。当环境光线充足时，使用小光圈、高快门速度、低 ISO 可获得清晰的、噪点小的像质。反之，当环境光线不充足，使用大光圈、低快门速度的长曝光、高 ISO 可获得噪点相对较多的像质。

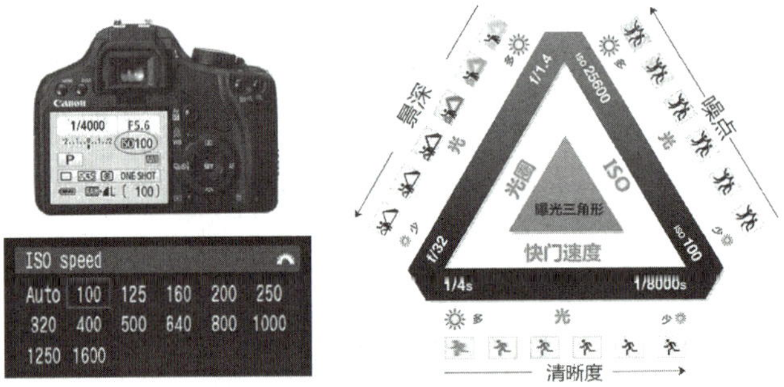

图 2-13 相机的曝光三角形

知识点 3：图像噪声类型

学习目标

能够判断样图的噪声类型。

学习活动

自主学习阅读材料中的常见噪声类型。根据如图 2-14 所示的噪声样图，判断噪声的类型。

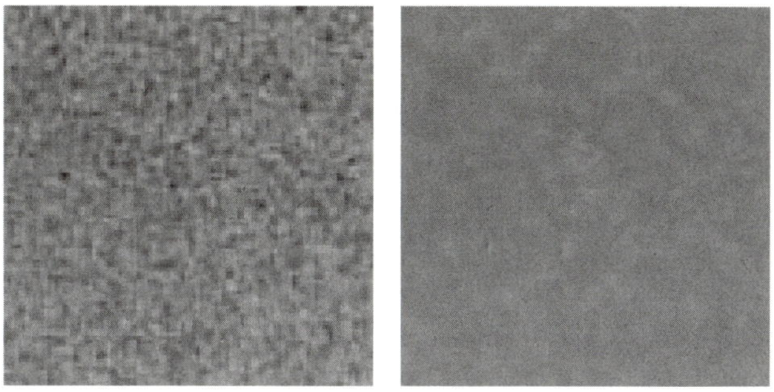

图 2-14　噪声样图

阅读材料 1：高斯噪声、椒盐噪声、泊松噪声

噪点是图像密度的随机变化，在胶片图像上表现为颗粒，在数字图像中表现为图像像素级的变化。噪点是一个关键的图像质量因子，几乎和清晰度一样重要。它与动态范围密切相关，动态范围是相机获取的图像能以良好的对比度和信噪比再现的照度范围。

噪点是客观存在的，它与相机硬件的物理性能有关，如图像传感器的感光的光子性质和热能等。在大像素的数码相机中（像素间距≥ 3 μm），噪点会非常少。但在小型数码相机中，噪点较多，如手机相机。先进的图像信号处理手段已经对其进行了很大的改善，比如通过合并多幅图像降噪等。在较高的 ISO 速度下，降噪软件可能会导致细节（纹理）的明显损失。

在多数情况下，噪点的多少代表了图像质量的下降程度。但有些黑白图像摄影师却喜欢因噪点而呈现的图像感觉，例如，35 mm Tri-X 胶片的颗粒感。胶片的颗粒感与数字噪点有显著的不同，它是基于密度的变化，可以被放大，而不是被添加。有些摄影艺术家喜欢从“噪点”（颜色的斑点）中创建图像，以烘托艺术感。这个工作现在可以用 Photoshop 的插件在几秒钟内完成。但是大多数摄影和成像技术是不接受噪点的。

高斯噪声：高斯噪声是指概率密度函数服从高斯分布（即正态分布）的一类噪声。在数字图像中的高斯噪声的主要由采集期间的电路各元器件自身噪声和相互影响、不良照明或高温等情况所致。

椒盐噪声：椒盐噪声也称为脉冲噪声，是图像中经常见到的一种噪声，它是一种随机出现的白点或者黑点，可能是亮的区域有黑色像素或是在暗的区域有白色像素（或二者皆有）。椒盐噪声是由图像传感器、传输信道、解码处理等产生的黑白相间的亮暗点噪声。

泊松噪声：又称散粒噪声，符合泊松分布的噪声模型，泊松分布适合于描述单位时间内随机事件发生的次数的概率分布。光具有量子特性，到达光电检测器表面的量子数目存在统计涨落，因此，图像监测具有颗粒性，这种颗粒性造成了图像对比度的变小以及对图像细节信息的遮盖，这种由光量子造成的测量不确定性称为图像的泊松噪声。

噪声样图对比示例如图 2-15～图 2-18 所示，也可见素材库中的噪声对比图。

图 2-15 原图

图 2-16 高斯噪声

图 2-17 椒盐噪声

图 2-18 泊松噪声

知识点 4：图像噪点的计算

学习目标

能够计算 *RMS* 值。

能够计算 *SNR* 值。

学习活动

活动 1

自主学习 *RMS* 值、*SNR* 值的计算方法，观察如图 2-19 所示的拍摄样图，计算色块 *RMS* 值、*SNR* 值。

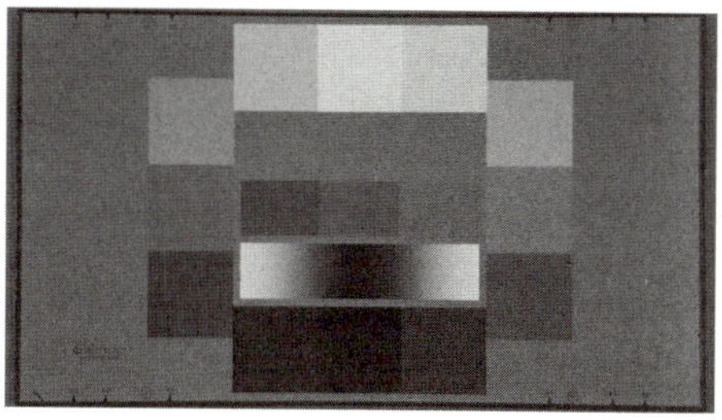

图 2-19　拍摄样图

阅读材料 1：RMS 定义及计算公式

噪点通常用噪声信号的均方根（Root Mean Square, RMS）表示，此时 *RMS* 等同于均匀色块数字值 *S* 的标准偏差 σ。即

$$RMS = \sigma(S)$$

S 可以是数字图像颜色通道 R、G、B、Y（亮度，Y=0.212 5R+0.715 4G+0.072 1B）中任意一个的信号，也可以是 RAW 图像的颜色通道（R、GR、B、GB）中的信号，还可以是其他颜色空间的通道［如 R–Y 或 B–Y（用于色度噪声）］中的信号。

RMS 噪点可以使用图像直方图的统计功能获得，如图 2-20 所示，图的下方是该图像对应的图像直方图，平均值表达了该图像的平均亮度水平，标准偏差表达了该图像的噪点表现。从视觉看，图 2-20（a）的噪点相对图 2-20（b）更明显，对比标准偏差值，图 2-20（a）的标准偏差值是 59.55，图 2-20（b）的标准偏差值是 49.77。由此可见，标准偏差值越大，噪点在视觉上越明显，反之标准偏差越小，图像的噪点相对越小，图像质量就越高。

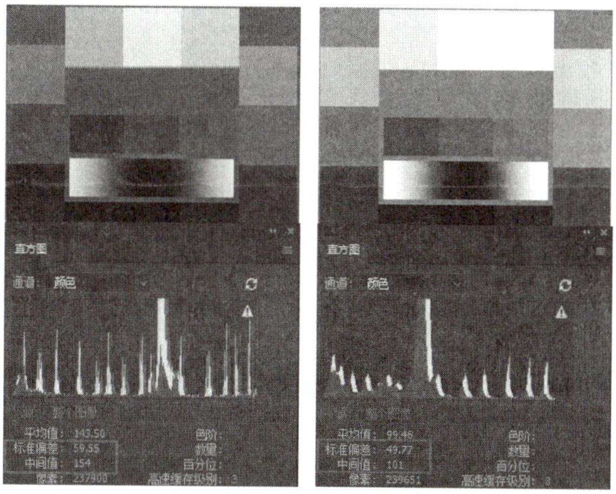

（a）　　（b）

图 2-20　RMS 噪点统计

阅读材料 2：SNR 定义及计算公式

信噪比（Signal Noise Ratio, SNR）的计算公式为

$$SNR = \frac{S}{N}$$

其中，S 表示信号，N 表示噪声。

依据信号 S 的定义，SNR 可以通过多种方式定义。例如，S 可以是单个色块像素级，也可以是对应于指定场景密度范围的像素级差等。但当讨论信噪比时，必须准确地知道 S 是如何定义的。SNR 可以表示为简单比率（S/N）或分贝（dB），其中 SNR（dB）= 20 lg（S/N）。双倍的 S/N 对应于 SNR（dB）增加 6.02 dB。但如果用于测量噪点的色块照明不均匀时，噪点测量可能偏离 $N=\sigma(S)$ 的公式，而且这种情况经常发生。光照不均匀会使 N 的测量值高于随机噪声本身所造成的数值，可能导致严重的误差。测量传感器性能时建议应用 RAW 图像（在未去马赛克的情况下）测量噪点。

噪点作为像素等级或曝光的函数，可以表示为以下数值。

（1）像素，归一化为对应于测试卡密度 D 的像素级差。如 Colorchecker 的最大密度 1.45，表示 Colorchecker 中的白色—黑色色块之间的密度范围（第 4 行，1～6 色块；最大密度是 1.45）。这种归一化，将信噪比表示为相对于测试卡密度的函数。

（2）像素，归一化为最大像素值。如位深度为 8 位的图像像素，像素最大级为 255。这种归一化，将信噪比表示为相对于测试卡图像最大亮度级的函数。

（3）F-stop（或 EV；曝光系数为 2），即参考原始场景。以 F-stop 测量的噪点与人类视觉密切相关。

噪点作为一个简单（平均）数。单个数字的噪点描述用 Y（亮度）通道的平均噪点，以像素为单位（归一化为测试卡密度差 1.5），用测试卡上最亮和最暗的色块计算像素级差，代表大于 1.5 或小于 0.1 的测试卡密度被排除在平均值之外。

S/N 或 SNR（dB）作为像素级或曝光的函数，其中 S 是单个测试卡色块的像素级。

S/N 或 SNR（dB）作为一个简单（平均）数，当用 GretagMacbeth Colorchecker 测试测量噪点时，SNR 可定义为 White-Black SNR，SNR_BW，其中 S 是测试卡中白色和黑色色块之间像素级的差值（密度范围为 1.45），N 用密度约为 0.7 的色块测量噪点。SNR_BW 是为了减少在噪点测量中图像对比度的影响提出的（图像处理，如伽马曲线的应用）。

阅读材料 3：*RMS* 及 *SNR* 值的分析

（1）拍摄图像（图 2-21）

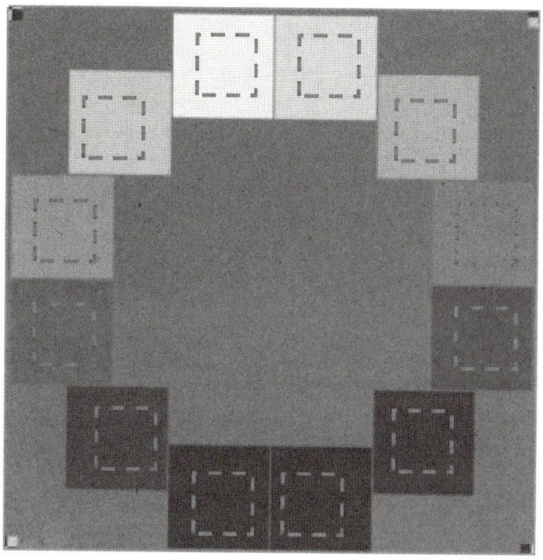

图 2-21　拍摄图像

（2）数据提取与计算

① 提取选区内色块的所有像素 *R*、*G*、*B* 的平均值。

② 计算每个色块亮度通道 *Y* 的平均值。

③ 计算亮度通道像素亮度的方差。

④ 计算 *RMS*。

⑤ 计算信噪比 *SNR*。

将计算结果记录在表 2-8 中。

表 2-8　数据结果

编号	*R*（均值）	*G*（均值）	*B*（均值）	亮度 *Y*（均值）	方差	*RMS*	*SNR*
1							
2							
3							
4							
5							

（续表）

编号	*R*（均值）	*G*（均值）	*B*（均值）	亮度 *Y*（均值）	方差	*RMS*	*SNR*
6							
7							
8							
9							
10							
11							
12							

（3）数据分析

① 绘制阶调曲线，填写阶调分析表（表 2-9）。

表 2-9　阶调分析

<table>
<tr><th>阶调曲线</th><th colspan="2">阶调表现分析</th></tr>
<tr><td rowspan="3">横坐标：色块编号
纵坐标：色块亮度均值
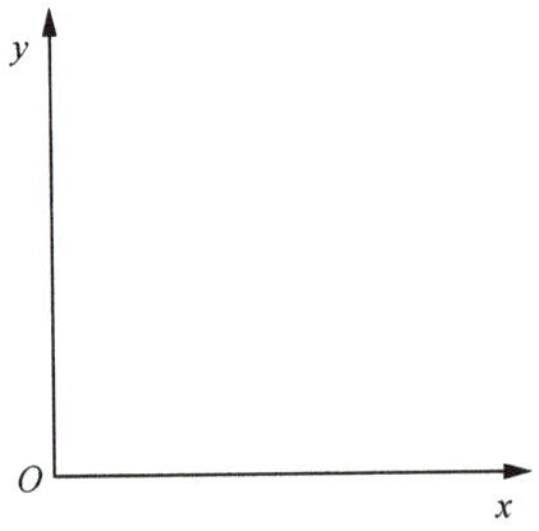</td><td>阶调并级情况</td><td></td></tr>
<tr><td>阶调均匀性情况</td><td></td></tr>
<tr><td>阶调范围</td><td></td></tr>
</table>

② 绘制 *RMS* 曲线，填写 *RMS* 分析表（表 2-10）。

表 2-10　*RMS* 分析

<table>
<tr><th>*RMS* 曲线</th><th colspan="2">*RMS* 数据分析</th></tr>
<tr><td>横坐标：色块编号
纵坐标：色块亮度通道 *RMS* 值</td><td>*RMS* 最大值、最小值及对应色块</td><td></td></tr>
</table>

（续表）

RMS 曲线	*RMS* 数据分析	
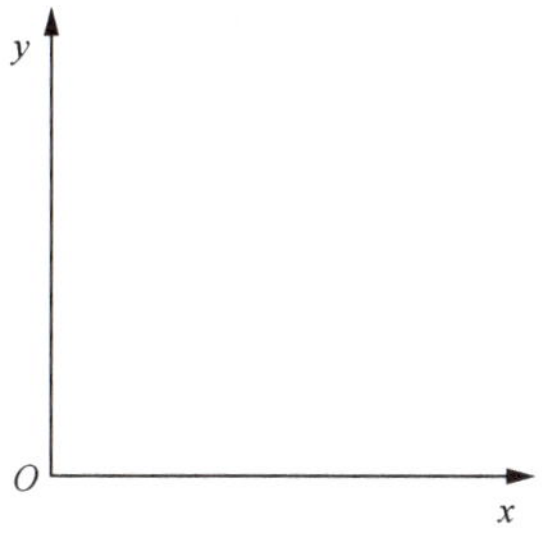	*RMS* 平均值及最接近的色块编号	
	RMS 数值与色块亮度关系	
	RMS 数值与图像视觉质量关系	

③ 绘制 *SNR* 曲线，填写 *SNR* 分析表（表 2-11）。

表 2-11　*SNR* 分析

SNR 曲线	*SNR* 分析	
分析横坐标：色块编号 纵坐标：色块亮度通道 *SNR* 值 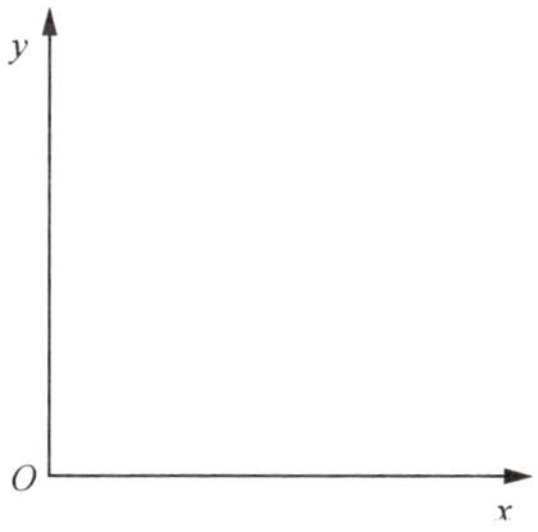	*SNR* 最大值、最小值及对应色块	
	SNR 平均值及最接近的色块编号	
	SNR 数值与色块亮度关系	
	SNR 数值与图像视觉质量关系	

知识点 5：图像降噪（拓展）

学习目标

能够理解图像降噪的概念。

能够评价图像噪点对图像质量的影响。

学习活动

活动 1

利用图像处理软件给原始图像素材（图 2-22）添加噪声，制作噪点水平与结果图像的关系表（至少 3 种噪点水平）。

图 2-22　原始图像素材

活动 2

利用图像处理软件处理上述含噪点的图像素材，制作降噪水平与结果图像的关系表（至少 3 种降噪水平）。

阅读材料：图像降噪方法

（1）均值滤波器：使用滤波器窗口内的像素的平均灰度值代替图像中的像素值，可以降低图像中的“尖锐”变化。因此，均值滤波器降低噪声的同时，也会模糊图像的边缘。

（2）高斯滤波器：对整幅图像像素值进行加权平均。每一个像素点的值，都由其本身值和邻域内的其他像素值经过加权平均后得到。

（3）中值滤波器：对于每一像素点取其邻域中值替代该像素点原值，对于椒盐噪声有极其显著的降噪效果。

活动 3

依据降噪图像，对图像质量进行主观评价，并将图像按图像质量由高到低排序。

知识点 6：读取样本图像数据

学习目标

能够获取正确样本图像数据。

能够用图像质量分析软件，读取样本图像数据。

学习活动

活动 1

根据拍摄样本图像，获取样本图像 RGB 数据。

活动 2

学习阅读材料，观看基于 ISO 15739 测试卡、ISO 14524 测试卡、柯达公司标准灰卡的噪点分析演示视频，理解 imatest 噪点分析操作步骤。根据已拍摄的样本图像，用图像质量分析软件输出噪点表现结果。

阅读材料：imatest 噪点分析

（1）打开 imatest 软件，运行界面如图 2-23 所示。

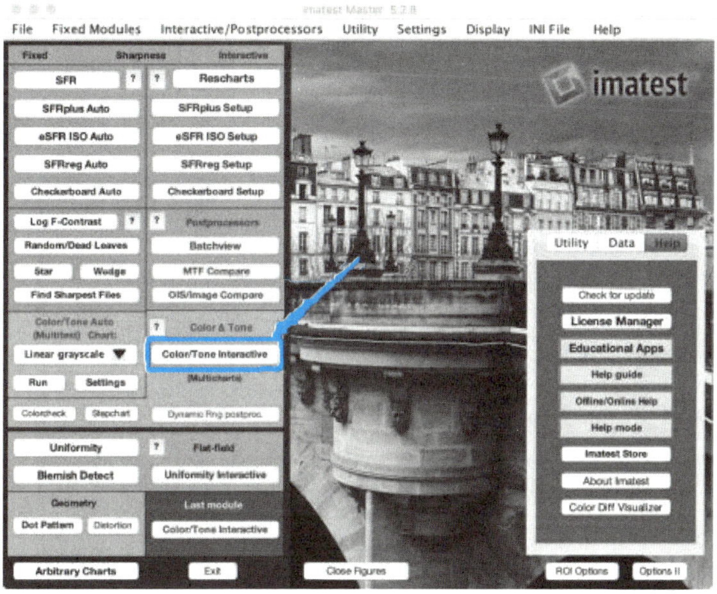

图 2-23　imatest 运行界面

（2）点击 imatest 主窗口左侧的“Color/Tone Interactive”按钮，在弹出的界面中选择测试卡，在 GreyScale Charts 列表里选择 ISO 15739，如图 2-24 所示。

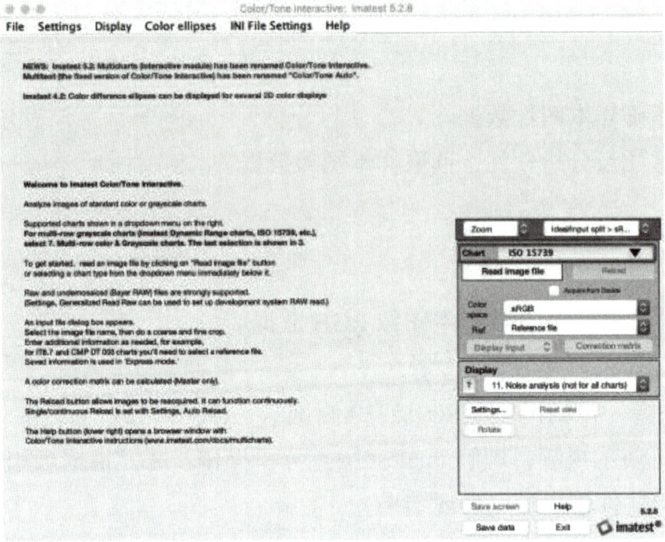

图 2-24 选择测试卡类型

（3）点击“Read image file”按钮，在选中拍摄的样本图像后，打开样本图像。

（4）选择黑白角标区域，并调整 ROI 的位置和大小，如图 2-25 所示。然后点击“Yes, Continue”按钮。当图像畸变严重时，可以适当地改变畸变系数，确保选区在相对应的灰阶块里。选区（青色小方块）大小调节区域，一般默认设置为 0.7。当畸变严重时，可以适当缩小。

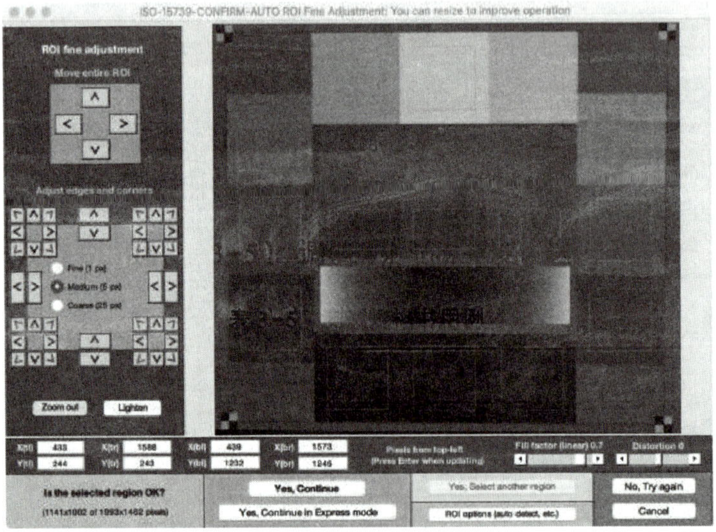

图 2-25 测试图片的加载及微调

（5）输出分析结果和图表如图 2-26 所示。

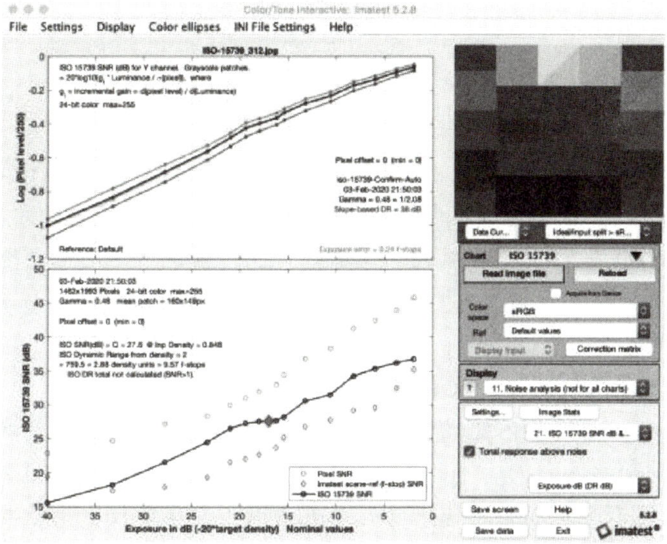

图 2-26　噪点分析结果（基于 ISO 15739 测试卡）

活动 3

根据提取的图像数据计算 *RMS* 和 *SNR* 值，绘制噪点走势图（学习拓展）。

知识点 7：噪点表现参数的测量及分析

学习目标

能够依据行业标准评价设备噪点表现。

能够根据噪点测量的任务要求，完成手机的噪点测量报告。

学习活动

活动 1

针对待测设备的测量结果，依据行业标准，设计噪点测试报告，填写测试数据，与行业标准规定的数值对比，给出评价结论。

活动 2

自主学习阅读材料内容，依据提供的测试任务书，分组，选择一款手机完成噪点测量，参考测试报告模板，完成并提交素材库中的噪点测试实训报告。

阅读材料 1：噪点测量样本图像拍摄要求

（1）拍摄流程

① 用超细纤维布擦拭镜头。

② 将设备安装在三脚架或设备支架系统上。

③ 安装好设备后放置在轨道上，方便操作者调整相机与测试卡之间的距离。

④ 设备的放置方向与测试卡相同。如：水平测试卡即须横向方式放置设备。

⑤ 将相机镜头的中心与测试卡的中心对齐，测试卡的图像呈现在图像预览框的中心。

（2）取景

① 应调节拍摄距离使测试卡与像平面的占比在 50%～70%。

② 如果有一些设备不能显示传感器的全部高度范围，需调整拍摄距离使图像取景适合用于结果分析。

③ 如果显示时发现是在传感器的垂直方向上发生剪切，则需要调整拍摄距离，使测试卡充满整个 FOV。

（3）拍摄

① 在图像捕获过程中，不可触摸显示屏，除非没有其他选择按键，必须在显示屏上按下按钮用以曝光的情况，否则不应碰触显示屏。如果不小心碰到，应该关闭相机程序后重启，再对捕获模式进行重新设置。

② 轻触快门按钮控制曝光，并重复这个动作。采集标准定义要求的各种光条件下的图像。

③ 记录拍摄距离。

（4）后处理

① 将图像传输到要进行分析的计算机中。

② 如果同时捕捉了 HDR 与非 HDR 图像，可使用未经 HDR 处理的图像，删除其他图像。

③ 对一组（3 幅）图像进行视觉噪声分析。

④ 如果不存在 $L^* = 50$ 的中性灰色块用于视觉噪声计算，可通过选择最接近 $L^* = 50$ 色调值两个灰色块进行插值得到。或在曝光不足的情况下，选择最接近 $L^* = 50$ 的中性灰色块进行分析。

⑤ 将 3 幅图像计算出的视觉噪声的平均值作为客观指标。

⑥ 依据上述指标值度量失真效果。

阅读材料 2：测试规格书

测试规格书样例，如表 2-12 所示。

表 2-12　测试规格书样例

测试卡	拍摄条件	
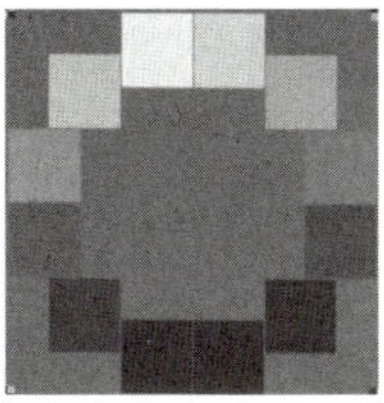	拍摄设备：	
	光源：	
	照度：	
	照度均匀性：	
	相机设置：	

阅读材料 3：噪点测试报告模版

噪点测试实训报告

填写实训信息，如表 2-13 所示。

表 2-13　实训信息

实训班级与拍摄时间					
项目组成员					
拍摄设备名称、品牌及型号					
焦距		曝光模式		设备像素数	
光圈		对焦模式		设备年限（月数）	

插入使用设备的图片，示例如图 2-27 所示，请替换为实际使用的设备图像。图像大小为 70 mm × 80 mm。

（1）原理及法则

噪点是图像密度的随机变化量，在胶片表现为可见的颗粒，在数字图像上表现为像素亮度值的变化。尤其对于手机相机等成像设备，图像传感器单元小，在低光照情况下，噪点增加得非常多。因此，噪点参数是检测手机成像质量的一个关键因子。

图 2-27 设备图像示例

通常有两种基本类型的噪点。

① 瞬时噪点：在每次拍摄图像过程中，噪点都会随机性地发生变化。

② 定点的图案噪点：受图像传感器的不均匀性影响，可以是亮度通道的噪点，也可以是彩度通道的噪点。

在本测试报告中，以信噪比 *SNR* 为噪点的评价参数，单位 dB，并以一个简单的平均数表示。

当以测试卡中的中性灰色块（密度接近 0.7）为评价对象时，信噪比是一个比值，信噪比可表示为

$$SNR_{Dnom=0.7} = S/N\,|_{Dnom=0.7}\text{（表示为比值）}$$

或

$$SNR_{Dnom=0.7} = 20\lg\left(S/N|_{Dnom=0.7}\right)\text{（表示为分贝值）}$$

其中，*S* 表示信号值，如中性灰色块的亮度值，$N_{Dnom=0.7}$ 是对应中性灰色块的 RMS 噪点。

每一个亮度等级的噪点都需要分析，建议用图形表示出来。

一般来说，*SNR* 值越高，图像的噪点越小，图像质量越高；R、G、B、Y 通道 *SNR* 值越接近，彩色噪点越小，图像质量越高。

（2）测试条件

各测试条件如表 2-14 所示。

表 2-14 测试条件

测试卡	ISO 14524
光源	类型：色彩；色温：约 6 500 K；光照度（6 500 K）：约 900 lx；一致性：> 90%
距离	实际测量

（续表）

曝光	AE（自动曝光）
白平衡	AWB（自动白平衡）
测试参数	信噪比（dB）
其他	安装在三脚架上，自动 ISO 模式

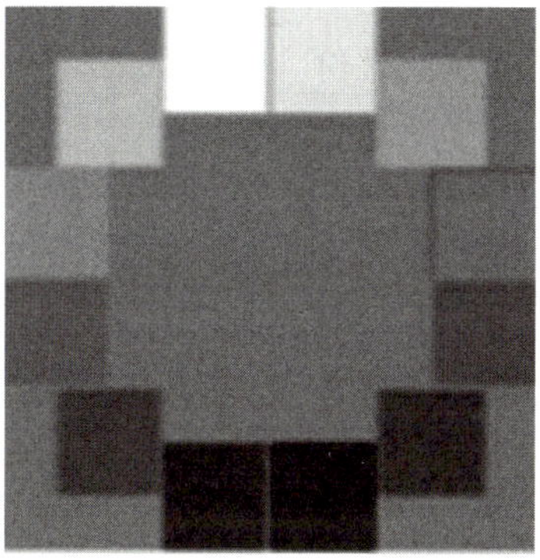

注：
① 参考上述测试原理及规定的测量条件，完成 ISO 14524（ST-52）测试卡拍摄；
② 使用 imatest 软件中的 Stepchart 模块完成噪点分析；
③ 输出像素噪点和密度噪点的计算结果图；
④ 参考上述法则完成结果分析。

（3）结果

① 记录测试条件 1 下的测量结果（表 2-15）。

表 2-15　测试条件 1 下的测量结果

测量条件 1	色温：		光源照度：				
噪点参数（*SNR*）	*R*（均值）	*G*（均值）	*B*（均值）	*Y*（均值）	*Abs*（R-B）	*Abs*（R-G）	*Abs*（G-B）

② 记录测试条件 2 下的测量结果（表 2-16）。

表 2-16　测试条件 2 下的测量结果

测试条件 2	色温：		光源照度：				
噪点参数（*SNR*）	*R*（均值）	*G*（均值）	*B*（均值）	*Y*（均值）	*Abs*（R-B）	*Abs*（R-G）	*Abs*（G-B）

2.4 检查与评价

学习目标

能够在教师的指导下对任务结果进行合理、正确的评价。

学习活动

活动名称：学习检查与评价。

活动目标：能够正确使用学习评价表，完成学习质量的评价。

活动时间：建议时长 10～15 min。

活动方法：自我评价 + 小组评价 + 教师评价。

活动内容：根据学习过程数据记录，进行自我评价、小组评价和教师评价。

活动工具：学习检查评价表。

活动评价：提交评价结果与教师反馈意见。

学习检查与评价表如表 2-17 所示。

表 2-17 学习检查与评价

<table>
<tr><td>小组</td><td></td><td>课程名称</td><td></td><td>学习者</td><td></td></tr>
<tr><td colspan="6">学习检查与评价（满分 100 分）</td></tr>
<tr><td>项目任务</td><td colspan="2">考核指标（打“√”）</td><td>自我评分</td><td>组长评分</td><td>教师评分</td></tr>
<tr><td>资讯阶段（15 分）</td><td colspan="2">查找与项目有关的资料 □
主动咨询 □
认真学习项目有关的知识技能 □
团队积极研讨 □
团队合作 □</td><td></td><td></td><td></td></tr>
<tr><td rowspan="2">计划与决策阶段（15 分）</td><td colspan="2">完成计划方案（10 分）
计划内容翔实、可执行 □
思路清晰 □
团队合作 □</td><td></td><td></td><td></td></tr>
<tr><td colspan="2">分析计划方案可行性（5 分）
计划方案合理 □
任务清晰 □
时间安排合理 □</td><td></td><td></td><td></td></tr>
<tr><td rowspan="2">实施过程（50 分）按照重要和难易程度配分</td><td rowspan="2">专业技能评价</td><td>标准样本图像的获取（30 分） □</td><td></td><td></td><td></td></tr>
<tr><td>噪点参数的测量及分析（20 分） □</td><td></td><td></td><td></td></tr>
</table>

（续表）

方法与能力（10 分）	分析解决问题能力 □ 组织能力 □ 沟通能力 □ 统筹能力 □ 团队协作能力 □			
素质能力（10 分）	学习态度 □ 责任心 □ 质量意识 □			
教师评价： 教师签名： 评价时间：				

2.5 反馈与总结

学习目标

在教师的指导下，对任务结果进行合理、正确的反馈与总结。

学习活动

活动名称：学习反思与总结。

活动目标：能够在教师和小组长的带领下，完成 PPT 报告总结和视频总结。

活动时间：建议时长 30 min。

活动方法：自我评价 + 小组代表分享 + 教师评价。

活动内容：小组代表运用 PPT 总结形式完成课堂分享。教师布置课后作业，要求每位学生在组内以 PPT 报告的形式完成学习经验的分享，并将分享过程录制成视频，视频在下次课堂开始前提交。

活动工具：PPT 制作学习总结报告。

活动评价：提交反思与总结结果与教师反馈意见。

以学习小组为单位，评出本学习小组的最佳作品或成果和最佳学习代表。

2.6 巩固练习

在教师的指导下，完成“基于手机摄像质量噪点测量”项目实训任务。整理实训成果或总结，提交给教师审阅并听取教师的反馈意见。如遇到疑问或挑战，及时咨询教师。

学习项目 3：
数字图像动态范围测量

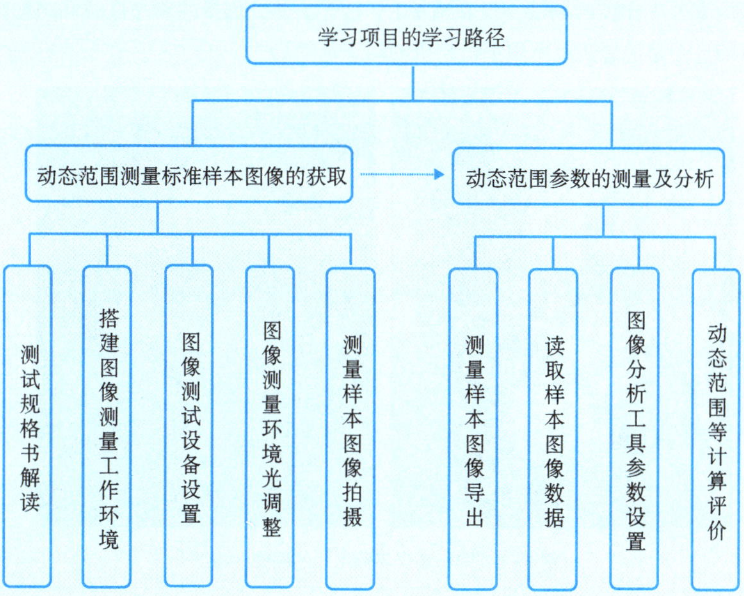

3.1 项目引入

1 学习情景

学习项目 3 视频

本项目学习情景如表 3-1 所示。

表 3-1 动态范围测量

项目主题	手机成像系统动态范围测量
项目日期	
工作内容及要求	学习情景： 李先生非常喜欢手机摄影，乐于用手机记录生活场景。某天在一栋大楼里从室内向室外拍摄时，获得最佳的构图后，直接用自动曝光模式拍摄了一张照片，但发现阳光照射的区域过曝了，于是李先生减了 2 个曝光补偿值（EV），在相同场景重新拍摄了一张图像，结果发现楼道内部的区域黑乎乎一片，场景内细节丢失，如图 3-1 所示。尽管李先生多次尝试调整 EV 拍摄，也并没有获得预期效果的图像。 对比前后不同 EV 设置拍摄的图像后，他发现这是手机相机动态范围不足导致的，面对室内室外光比大的场景，仅靠调整 EV 是无法兼顾场景的高光区域和阴影区域的细节的。于是他想测量所用手机相机的动态范围  图 3-1 同一场景不同 EV 的图像效果
学习要求	手机相机动态范围测量，需要解决以下问题： （1）动态范围用什么方法测量？ （2）动态范围用什么参数量化？ （3）动态范围如何评价？

（续表）

学习要求	ISO 15739：2023 推荐了相机动态范围的测量方法及国家行业标准《移动终端图像及视频传输特性技术要求和测试方法》（YD/T 1607—2016）推荐了移动终端相机动态范围的测量方法；imatest 推荐使用 36 阶高动态图像测试测量相机的动态范围如图 3-2 所示。  **图 3-2　36 阶动态范围测试卡** 动态范围的评价指标为信噪比 SNR 与斜率

2　获取资讯

根据学习过程任务的要求，完成动态范围测量的项目，并自主学习知识概念和资讯信息。

知识概念：动态范围、动态范围测试标准、动态范围指标及其计算方法、阶调、对比度、36 阶动态范围测试卡等。

资讯信息：曝光补偿、包围曝光、HDR 图像合成、低动态范围显示、人眼动态范围、场景动态范围。

学习目标

能够正确查询或搜集关键知识清单中的知识概念和资讯信息内容。

能够用自己的语言初步描述知识概念的含义与资讯信息类型。

学习活动

活动 1

以学习小组为单位，在教师的指导下，通过工作手册阅读、网络查询和相关专业书籍查询，初步理解上述知识概念的内涵，制作并提交信息收集文档。

活动 2

写出动态范围测量的要求以及对产品所产生的影响。

3 项目目标

通过对本项目的学习，可达成的目标如表 3-2 所示。

表 3-2 项目目标

思政 / 素养目标	增强服务意识，以客户为中心，强调服务行为的“果”
	增强标准意识，有标必依，执标必严，违标必究
	能够爱护测量仪器、遵守操作规范
	能够认识到工作过程的严谨性、科学性对检测结果的影响，培养精益求精的工匠精神
技能目标	能够依据动态范围测量标准要求设定设备参数
	能够完成标准样本图像抓取
	能够使用图像质量分析工具完成动态范围参数输出
	能够分析动态范围的表现
	能够解读动态范围测量相关的国家标准
知识目标	掌握阶调、层次、动态范围的概念
	理解高动态范围图像的意义
	了解高动态相机的工作场景
	掌握图像动态范围的测量原理
	理解动态范围的评价方法

3.2 计划与决策

1 制订计划

学习目标

能够在教师的指导下制订出合理的手机相机动态范围测量实施方案。

学习活动

阅读相关材料或咨询相关人员，提出实施方案，梳理主要的工作步骤和可能遇到挑战，并将其整理出来提交给教师。

2 进行决策

学习目标

在教师或学习组长的指导下，能够筛选并确定最佳的手机相机动态范围测量实施方案。

学习活动

根据提出的手机相机动态范围测量实施方案，说明完善此实施方案的想法。根据教师或成员反馈意见进一步优化实施方案，最终确定动态范围测量的实施方案，并将最终实施方案整理并呈现出来。

3.3 学习任务

任务 1：动态范围测量标准样本图像的获取

通过对本任务的学习，能够获得的目标能力如表 3-3 所示。

表 3-3 任务目标

职业技能	学习目标	学习方式
测试规格书解读	• 调查测试设备成像系统配置 • 认领测试规格书，确认测试要求	自主学习
搭建图像测量工作环境	• 能够描述图像检测对工作环境的要求，符合检测环境工作标准 • 能够列举搭建动态范围检测工作环境所需的软、硬件	实训或课堂学习 + 自主学习
	• 能够完成动态范围测量所需的工具准备与查验 • 能够规范、安全操作测量仪器及设备 • 能够解释动态范围测量工作环境搭建的规范与要求	实训学习

（续表）

职业技能	学习目标	学习方式
图像测试设备设置	• 能够正确设置透射光源参数，并验证光源的照度、色温等参数的准确性	实训学习
	• 能够测量透射卡的密度 • 能够描述测试卡动态范围、相机动态范围、人眼视觉动态范围之间的辩证关系	课堂或自主学习
图像测量环境光调整	• 能够依据测试标准要求，配置环境光色温及照度 • 能够判断样本图像是否正确曝光	实训学习
标准样本图像拍摄	• 能够设置或初始化待测相机拍摄参数，减少检测结果的不确定性 • 能够完成取景比例及图像变形的精确修正	实训学习

知识点 1：搭建工作环境

学习目标

能够根据任务书要求，准备实物器材。

能够解释工作环境搭建的规范与要求。

学习活动

活动 1

自主学习动态范围测量工作环境要求和数字虚拟场景课程，熟悉设备摆放环境要求。根据提供的工作环境仪器图片素材库，挑选出完成搭建工作环境所需仪器设备，并按照相对位置摆放。

活动 1 所需的器材实物图如图 3-3～图 3-8 所示。

图 3-3　宽动态标准测试光源

图 3-4　云台

图 3-5　导轨

图 3-6　三脚架

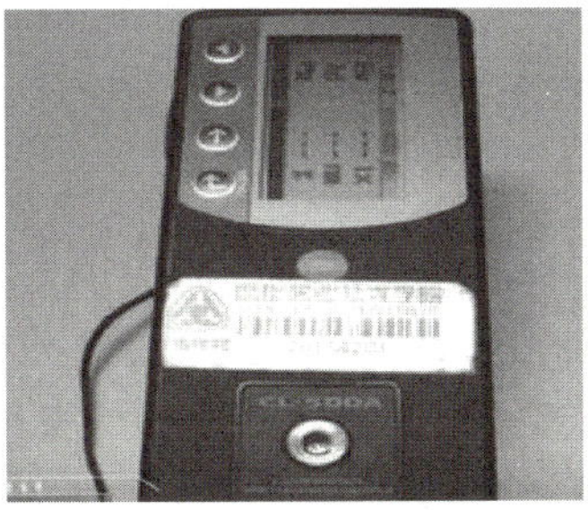

图 3-7　照度计 CL500A

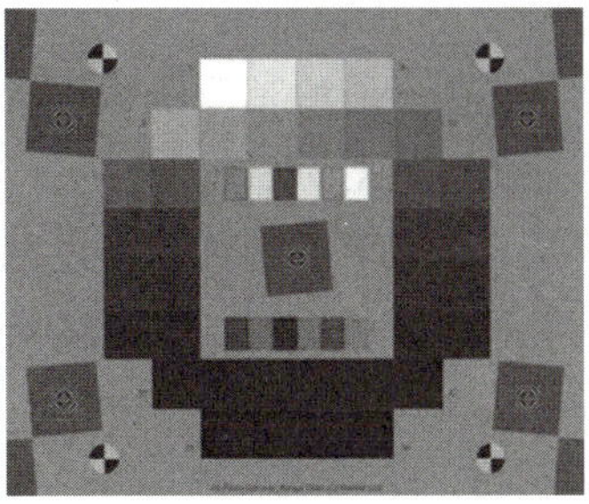

图 3-8　36 阶动态范围测试卡

阅读材料：搭建手机动态范围测量工作环境

测试设备动态范围性能需要用到云台、三脚架、标准光源、照度计等器材，根据不同测试需求，需要不同测试卡，如 12 阶、16 阶或 20 阶 ISO 14524 OECF 测试卡、36 阶动态范围测试卡等。优选 36 阶动态范围测试卡。测试卡测量装置如图 3-9 所示。应在暗场环境内进行测试，取图完成后使用 imatest 相应模块进行分析，再与标准值比较得出测试结果。

图 3-9　测试卡测量装置

活动 2

自主学习小贴士中工作环境搭建的注意事项，写出搭建工作环境的规范与要求。

小贴士

（1）拍摄时，为了使光源能够将测试卡的动态范围能力完全展现，需要让光源照度足够高，但由于高亮度区域比较考验摄像头的自动曝光能力，所以需要在不同的光照条件下进行测试，才能够均衡测试卡的动态范围能力和相机的自动曝光响应能力。

（2）当相机的动态范围远小于测试卡的动态范围时，高光和黑场部分可能都会有剪切和并级的现象。

（3）为了不造成反光，可以调整拍摄距离，适当增加一定的倾角。

阅读材料：工作环境搭建规范（表 3-4）

表 3-4　手机相机动态范围测量工作环境搭建规范

测试前准备	导轨、三脚架、云台、照度计、标准卡、透射灯箱、标准光源观察台、图像质量分析软件
标准样图拍摄	要求：图像尽量充满设备成像窗口，左右对称，上下居中，图像无明显畸变，拍摄图像时自动曝光、自动对焦、自动白平衡
动态范围参数计算	分析工具：imatest 软件、动态范围分析模块
撰写测试报告	输出任务书指定的评价指标值

知识点 2：色温、亮度、透射光源

学习目标

能够正确测量并调整光源的色温、亮度数据。

能够使用透射光源完成透射测试卡拍摄。

学习活动

依据测试规格书用例（表 3-5），调整透射光源亮度，达到规格书的要求。

表 3-5　测试规格书用例

测试场景	宽动态范围 HDR
详细场景说明及要求	① D65，透射式灯箱最大亮度，照度不低于 100 000 lx； ② 透射式宽动态测试卡，可选 50 dB、100 dB、150 dB
测试步骤	① 将透射式测试卡安装到透射灯箱内； ② 启动透射式灯箱，D65 光源，亮度调最大，约 100 000 lx；

（续表）

测试步骤	③ 调整相机与测试卡的位置，全屏成像，对焦清晰； ④ 拍摄宽动态测试卡； ⑤ 使用 imatest 分析
指标	*SNR*（基于动态范围，dB）

小贴士

色温和亮度设置参考学习项目 1。

知识点 3：动态范围测试卡

学习目标

能够描述动态范围测试卡的构成、特点和应用范围。

学习活动

活动 1

根据提供的测试卡实物，描述测试卡的色块排列特点和用途。

活动 2

为不同的待测对象挑选合适的动态范围测试卡。

阅读材料 1：36 阶动态范围测试卡

（1）构成：主要由 36 个光密度不同的灰阶块组成，适合于 16∶9 或 4∶3 的拍摄设备，如：手机，其有效区域是 197 mm×235 mm（即 7.75 in×9.25 in），介质的尺寸是 203 mm×254 mm（即 8 in×10 in）。

（2）灰阶色块：出厂时会对色块光学密度数据标定，每张动态范围测试卡都有一个序列号，对应这个批次参考文件。分析时会把标定后的密度数据作为参考文件，有效测试相机的动态范围。如果找不到序列号，可以在 imatest 软件中选择默认的参考数据（Default Values）。

（3）作用：在强光照射时，36 个不同密度级的色块会营造出一个从亮到暗的场景。可同时模拟户外的高光、中光及弱光下的光照效果，便于在实验室完成相机动态范围的客观测试。

（4）此测试卡有 50 dB，100 dB，150 dB 3 个版本，分别满足低，宽和超高动态范围测试的需求（表 3-6）。

表 3-6 测试卡的动态范围需求

低动态范围（50 dB）	适用于像素较小的低动态范围摄像机。提供两种长宽比（4：3 和 16：9）
高动态范围（100 dB）	适用于大多数高质量相机，DSLR，较大的无反光镜相机（Micro 3/4，APS-C 等）以及任何非 HDR 特质的高质量相机
超高动态范围（150 dB）	专为 HDR 摄像机而设计

阅读材料 2：透射密度

透射密度是透射物体的单位面积上的光通量，光通量用透射率表示。透射率越高，光通量越大，视觉上物体就越透明；反之，物体就越不透明。

透射密度 $D_T = \lg \dfrac{I_0}{I}$，其中 I_0 表示向透射物体照射的光通量，I 表示透射物体透出的光通量。

假设有一张胶片，背光源向其投射了 1 000 单位的光，有 96% 的光通过胶片的明亮（银盐较薄）部分，而在胶片的黑暗的部分只通过了大约 4% 的光。那么胶片明亮部分和黑暗部分的透射密度分别是多少？

胶片明亮部分的透射密度为

$$D_T = \lg \frac{1\,000}{960} = 0.02$$

胶片黑暗部分的透射密度为

$$D_T = \lg \frac{1\,000}{40} = 2.4$$

胶片的动态范围为

$$D = D_{max} - D_{min} = 2.40 - 0.02 = 2.38$$

即

$$20\left(D_{max}-D_{min}\right)=20\times 2.38=47.6$$

知识点 4：待测设备成像表现调整

学习目标

能够正确判断并调整待测设备获取图像的正确取景位置。

学习活动

观看透射光源操作及工作状态演示视频，描述待测设备获取图像的取景位置。

小贴士

物距、像平面、图像畸变参考学习项目 1 相应知识内容。

知识点 5：测试设备设置

学习目标

能够正确设置测试设备的工作状态。

学习活动

观看测试设备正常工作状态演示视频，找出关键操作要点，并描述其正常工作状态规范要求。

知识点 6：样本图像拍摄、拍摄操作规范

学习目标

能够遵守操作规范及着装要求。

能够正确拍摄标准的测试样图，符合规格书拍摄要求。

学习活动

活动 1

自主学习阅读材料及实验室管理规范（见学习项目 2 阅读材料），观看动态范围

测量图像样本获取视频，找出不当行为并说明原因。

阅读材料：测量数据记录表

动态范围测试记录表（模板）如表 3-7 所示。

表 3-7　动态范围测试记录表（模板）

测量条件 1	色温：		光照温度：		
动态范围（dB）	低	中	中高	高	超高

活动 2

自主学习阅读材料内容，掌握拍摄方法。根据所提供的测试任务书（表 3-8），拍摄 3～5 张符合要求的测试图。

表 3-8　测试任务书

项目名称	动态范围测试
测试卡	36 阶动态范围测试卡
光源	类型：透射式标准光源 色温：6 500 K 照度水平：30 000 lx、50 000 lx、70 000 lx、100 000 lx 均匀性：> 95%
距离	据实际情况定
曝光	AE（自动曝光）
白平衡	AWB（自动白平衡）
测试参数	信噪比（dB）
其他	安装在三脚架上，自动 ISO 模式

阅读材料：透射式测试法

（1）将透射测试卡放在 CS-LE005-W 透射均匀灯箱前，如图 3-10 所示。

注意要挡住测试卡外部灯箱的直射光，尽量避免杂散光和反光，因为杂散光会导致分析的动态范围偏小。

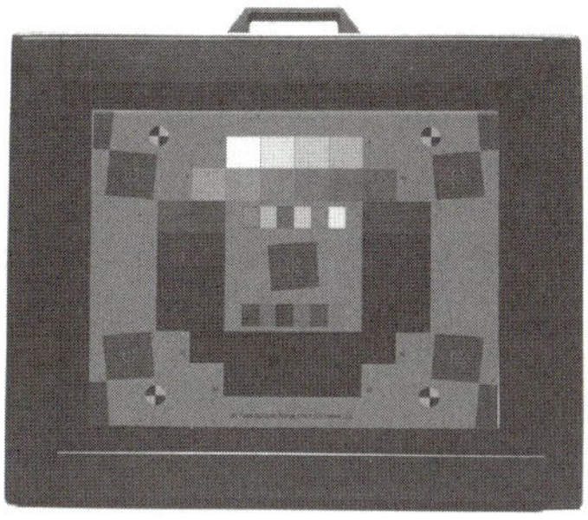

图 3-10 透射测试卡设置示意图

（2）取景时，为避免镜头渐晕的影响，应使测试卡位于图像的中心部分（除非相机的分辨率极低）。

（3）暗角引起的问题。测试卡部分的图像不需要超过 1 000～1 500 像素。拍摄对比度分辨率测试卡的图像大小应至少为 600×600 px（如果可能的话）。对于高分辨率相机，不需要填充图像，2 000×2 000 px 已经足够了。图 3-11 为在高分辨率相机上获取的 36 阶动态范围测试卡典型示例。

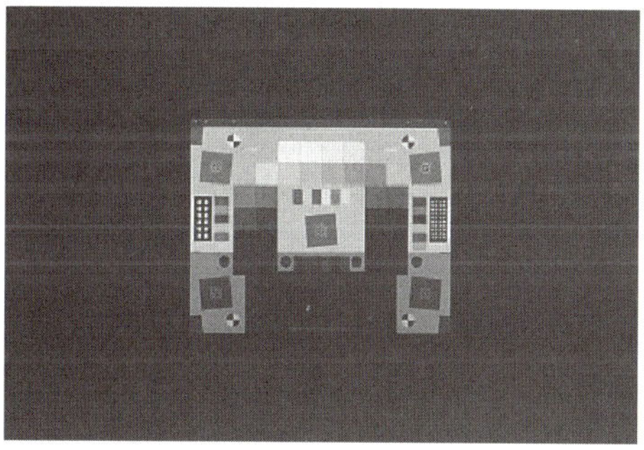

图 3-11 正确的取景

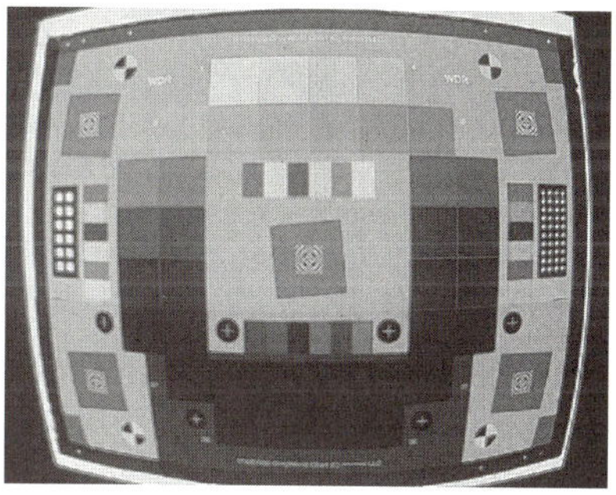

图 3-12 不正确的取景

图 3-12 是一个取景不正确的图像示例。此时测试卡过于充满取景，测试卡周边黑色框背景太少，图像白边带来比较多的杂散光，会导致测量的动态范围偏小。当然，如果是测试杂散光的情况，这样取景是合理的。

（4）需要在暗房（全黑）里拍摄动态范围测试卡。任何杂散光都不宜照射至测试卡，杂散光将导致结果不准确。测试卡和相机的周围环境应尽可能保持黑暗，以减少杂散光。

可以借助相机的直方图，来判别测试卡最亮调区域是否曝光饱和。轻微的过曝是可选的，但是强烈的过曝或曝光不足可能会减少有效色块的数量，导致动态范围测量的数据偏小。

最亮区域的相对像素级应至少为 0.98（8 位系统的像素级别≥250）；否则将无法检测到相机的整个动态范围。

反光是一个严重的问题，除镜头外，建议用黑色天鹅绒布盖住相机的其他部分。来自镜头本身的反射无法避免，对于色块环形排列的测试卡来说，可以通过调整相机的放置位置，使其反射位于图像的中心，以减轻镜头反光的影响。

在图 3-13 中，反光点落在到下面的灰阶块上，影响了色块的数据测量。一般测试中拍照时容易忽略这种现象，当提升图像暗部亮度时，这样的情况就会显露出来。为了消除这个问题，测试相机需要稍微升高，以使反光点落在环形灰阶中心，减小对密度块的影响。

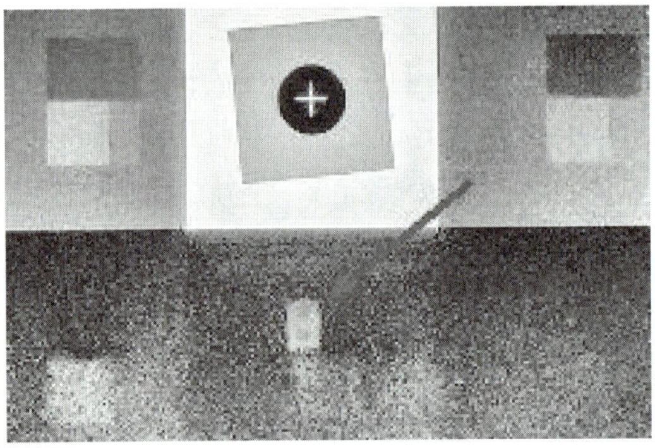

图 3-13　反光点落在灰阶块上

请将图像保存为 16 位（或更多位深）格式。注意，JPEG 图像始终为 8 位（像素级别 0～255）。这会严重影响动态范围测量，尤其是对于 HDR 相机。

在测量动态范围时，有许多问题需要考虑。其中，动态范围测量受到来自场景（即测试卡）的炫光、图像处理（特别是位深、黑电平偏移、降噪和色调映射）的强烈影响。

炫光指在镜头元件和镜头筒之间反射后到达图像传感器的杂散光，是动态范围测量最重要的实际限制因素。它在图像阴影部位以“雾”的形式出现（炫光）或表现为“鬼影”图像（挑战性测量）。炫光可以从测试卡内的光区或光源中产生，或者在测试卡外围环境（真实场景）中产生。正因如此，测试卡的选择对动态范围的测量有着重要的影响。

在可能的情况下，动态范围应该用 RAW 格式（传感器输出）转换而成的图像进行测量，经过的图像处理最少。并且如果可能的话，其至少为 16 位深度。这可以在 imatest 软件中使用 Dcraw 或 Readraw 模块进行转换，它们不应用阶调响应曲线、锐化或降噪，因此对动态范围测量相对影响小。

在 RAW 格式转换过程中的常规处理和后期应用中的图像处理都会影响动态范围的测量。

RAW 转换指将传感器的输出转换为标准图像格式。以下列出的功能是在相机 RAW 转换过程中的典型操作（通常是 JPEG 输出）。

① 去马赛克，指将拜耳 RGRG/GBGB 格式转换成每个像素用 RGB 表示的全彩色，对动态范围的影响相对较小。

② *Gamma* 曲线，大多数可交换的文件都是伽马编码的，也就是说，场景亮度与像素级是 *Gamma* 指数函数关系（通常 *Gamma* = 2.2）。最简单的伽马编码是像素级 = 场景亮度$^{(1/2.2)}$。转换后的图像有 8 位深度（对于非 HDR 图像来说很常见），伽马编码显著地改善了动态范围。由于在黑暗区域有较少的级数，所以 8 位线性图像的动态范围有限。

③ 阶调响应曲线（TRC）。除了 *Gamma* 曲线之外还经常使用 TRC 进行校正。一个适用于高光的“S”形曲线（对比度降低）是最常见的阶调响应曲线，但在黑暗区域也可能受到影响。TRC 会影响动态范围的测量（特别是基于坡度的动态范围），并且有更复杂的方式。

④ 锐化通常在图像边缘附近起作用，但不适用于测量动态范围中的平坦区域。

⑤ 降噪（低通滤波）通常在测量动态范围的平坦区域进行。降噪会对动态范围测量产生深远的影响，通常降噪后测量结果会比实际情况更好。*SNR* = 1 是某些标准中动态范围极限的一个判据（可能无法达到）。

⑥ 颜色校正矩阵（CCM）和白平衡（WB）。CCM 可以增加噪点，特别是当颜色增强时。但在大多数情况下，CCM 对动态范围测量的影响很小。

除了 RAW 格式转换的操作会影响动态范围的测量，其他图像处理也会对动态范围的测量产生影响。

① 大多数图像的位深度为 8 位，这限制了动态范围，尤其是线性图像。

② 高质量的 JPEG 压缩对动态范围有较小的影响。低质量的 JPEG 压缩会使动态范围以及所有其他的图像质量测量难以进行。JPEG 的真正问题是相机内处理（特别是上面描述的降噪）会严重影响动态范围，以及 8 位深度对动态范围的限制。最可靠的结果是用 RAW 图像，用最少的图像处理转换成 16 位或更深（48 位）的图像。

③ 当 HDR 图像需要在有限动态范围的设备上观看时，就会执行阶调映射。阶调映射在相对较大的区域（如灰度测试图）压缩阶调，而在小区域（局部对比度）保持阶调对比度。它通常采用非常低的伽马值（*Gamma* < 0.25），远低于大

多数颜色空间使用的 0.45。

阶调映射通过增加局部对比度增强物体的可见性，特别是在黑暗区域，而降低全局的对比度。这种操作会导致在灰阶块中亮度的不均匀响应，也改变了像素级与测试卡密度之间的单调关系，使阶调响应不规则，通常会造成动态范围测量的混乱。

阶调映射可以通过图像处理模块来研究，允许操作者打开任何图像，增加或降低噪点，然后应用图像增强，包括 MATLAB 支持的 3 种类型的阶调映射（阶调映射、局部阶调映射和限制对比度自适应直方图均衡）。实践中发现阶调映射往往对噪点水平的微小变化很敏感。

阶调映射相当容易识别。测量的伽马值远低于标准彩色空间图像的典型值（约 0.5），而且色块等级可能不会单调下降。阶调映射对动态范围测量的影响并不容易预测，它可以被看作是一个完全的通配符。经过阶调映射图像的动态范围测量是不可靠的。

活动 3

根据活动 2 拍摄测试图，评价拍摄质量。

任务 2：动态范围参数的测量及分析

通过对本任务的学习，能够获得的目标能力如表 3–9 所示。

表 3–9 任务目标

职业技能	学习目标	学习方式
测量样本图像导出	• 能够完成标准样本图像的抓取与存储 • 能够正确传输标准样本图像数据	自主学习
读取样本图像数据	• 能够使用图像浏览工具核验样本图像 • 能够完成样本图像变形的视觉判别	自主学习
图像分析工具参数设置	• 能够使用图像质量分析软件动态范围等参数图表	实训学习
	• 能够从动态范围参数图表中提 SNR 参数数值	自主学习
动态范围参数计算	• 能够动态范围测卡图像中提取颜色数值 • 能够计算测试卡图像的动态范围值	课堂或实训学习
	• 能够依据行业标准评价设备动态范围表现 • 能够根据动态范围测量的任务要求，完成动态范围测量报告	课堂或实训学习

知识点 1：样本图像导出

学习目标

能够理解使用数据线直接导出样本图像的原因。

学习活动

描述使用数据线直接导出样本图像的原因。对比分析微信传输的图片与数据线导出图片的差别。

知识点 2：阶调、层次、阶调曲线

学习目标

能够理解阶调概念。

能够计算阶调范围。

能够理解层次概念。

能够理解并绘制阶调曲线。

学习活动

活动 1

观看阶调与对比度讲解视频，根据提供的阶调测试卡图像（图 3-14）读取阶调值，绘制阶调曲线；运用阶调层次计算表格模板（表 3-10），计算阶调范围，区分层次等级，并提交计算结果。

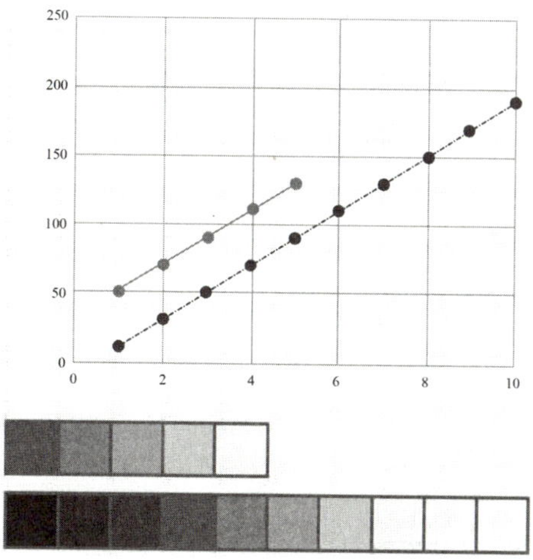

图 3-14　阶调测试卡图像

表 3-10 阶调与对比度测量结果分析（模板）

Q20 灰阶卡阶调与对比度（色块编号 No.1～No.20）	D65（1 000 lx）		
	数值	相邻级差	
1	215.5		
2	199.7		
3	185.7		
4	167.7		
5	151.9		
6	132.4		
7	117.2		
8	101.3		
9	88		
10	74.3		
11	61.8		
12	50.5		
13	40.8		
14	33		
15	26.6		
16	22.4		
17	17.4		
18	14.2		
19	12		
20	9.8		
对比项	数值	标准	结果
阶数		12	
最亮值		225	
最暗值		5～26	
Q20 对比度		80%	

（续表）

Q20 灰阶卡阶调与对比度（色块编号 No.1～No.20）	D65（1 000 lx）		
	数值	相邻级差	
前 12 阶最小差		3.00%	
检测员			
出报告人			
检测日期			
备注	$Y = 0.30R + 0.59G + 0.11B$		

小贴士

光学密度 $D = \lg\frac{1}{t}$，其中 t 为透射率。

活动 2

根据阶调层次，对图 3-15 进行排序。

（a）

（b）

（c）

（d）

图 3-15　阶调层次排序素材

知识点 3：对比度

学习目标

能够理解对比度概念。

能够计算图像对比度。

学习活动

活动 1

根据对比度的不同对图 3-16 进行解析与排序。

（a）　（b）

图 3-16　对比度排序素材

活动 2

利用图像处理软件修改图片素材的对比度，如图 3-17 所示，制作对比度水平与结果图像的关系表（至少 3 种水平），并计算修改后的图像对比度。

图 3-17　不同对比度的素材图

小贴士

一般地，对比度计算公式如下：

$$C=\sum_{\delta}\delta(i,j)^2P_{\delta}(i,j)$$

其中，$\delta(i,j)=|i-j|$，即相邻像素间灰度差；$P_{\delta}(i,j)$ 为相邻像素间的灰度差为 δ 的像素发布概率。

Michelson 对比度计算公式如下：

$$C=\frac{I_{max}-I_{min}}{I_{max}+I_{min}}$$

其中，I_{max} 和 I_{min} 分别表示最亮的亮度和最暗的亮度。

知识点 4：动态范围

学习目标

能够理解动态范围概念。

能够描述影响待测设备动态范围的因素。

学习活动

活动 1

根据图 3-18 与素材库中的动态范围排序案例，比较动态范围，并按照动态范围由大到小进行排序。

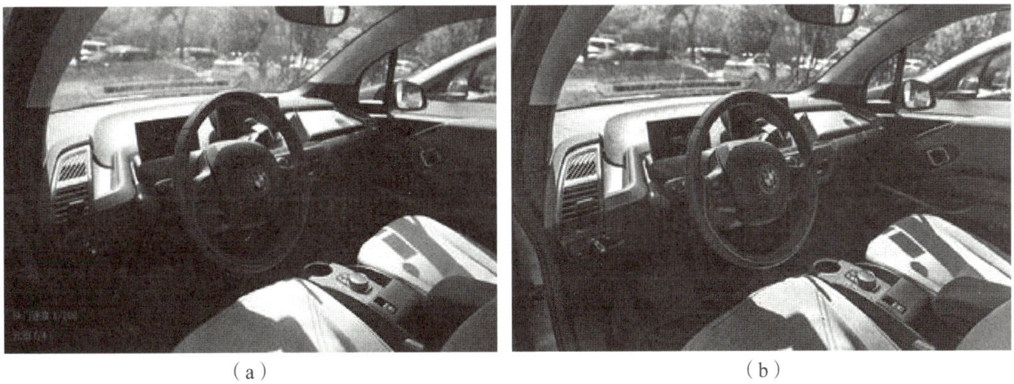

（a）　　（b）

图 3-18　动态范围排序案例

活动 2

设置手机高动态范围（HDR）功能开启和关闭分别拍摄光比差异大的场景图像，分析评价图像的动态范围（课后活动）。

活动 3

调整手机 EV 值，拍摄 3 种曝光水平的图像（正常、欠曝和过曝，如图 3-19 所示），然后利用 Photoshop 合成一张高动态范围图像，图像拍摄过程中要尽量保持手机稳定。

过曝　　正常　　欠曝

图 3-19　3 种曝光水平

活动 4

观看动态范围因素说明视频，并自主学习阅读材料。

阅读材料 1：相机与人眼动态范围

（1）相机动态范围

定义相机可以在多大范围内捕捉图像高光和暗调细节的术语，通常指最低值到最高溢出值之间的范围。简单地说，它描述的是相机在单帧内可以记录的最亮和最暗阶调值之间的比率。动态范围越大，就能尽可能多地保留高光区和阴影区的信息。动态范围通常用“挡”来描述，每增加一挡就意味着动态范围扩大一定范围。“挡”这个词来源于传统胶片相机的时代。高端摄像机尤其是电影级别的摄像机往往具备相当高的动态范围，以拓宽其戏剧性，并且避免不均匀的照明场景带来的影响，从而提高了图像质量，捕捉更多细节。

作为参考，以下列出几种相机和摄像机的动态范围：

① 普通手机或家用照片相机 —— 8～10 挡；

② 专业单反相机 ——10～12 挡；

③ 准专业视频摄像机（如 Sony A7、松下 GH5）——13～14 挡；

④ 专业视频摄像机（如 Sony FS7、BMD Ursa Mini Pro）——14～15 挡；

⑤ 电影摄像机（如 Arri Alexa、RED Dragon/Helium/Monstro）——16～17 挡。

（2）人眼动态范围

人眼相当于一部永远在实时自动对焦和调整参数的相机，当静止观察某样物体不动且周围光线等条件完全不变时，即静止帧的情况下，人眼的动态范围比目前的大部分相机要小，但人眼不是静止的，综合来说人眼动态范围要大于相机动态范围。

此外，自然场景的动态范围超过人眼和相机的动态范围。

（3）动态范围单位

动态范围单位如表 3-11 所示。

表 3-11　动态范围单位

单位	换算方式	注释	使用人群
f-stops（光圈系数）	$\log_2 x$	也称为曝光级数，或曝光指数 EV	摄影师
dB	$20\lg x$	1 density unit = 20 dB；1 f-stops = 6.02 dB	电子工程师
density units（密度系级）	$\lg x$	1 density unit = 3.322 f-stops	光学工程师

阅读材料 2：光比差异

光比（Light Ratio）是反差的另一个比较复杂的说法。一般来说，在调整主光后，就会去调整反差（即光比）。如果亮部的测光值和暗部的测光值差 1 个 EV 值，那么这时的光比是 1∶2，如果是测光值相差 2 个 EV 值，这时的光比就是 1∶4，而如果相差 3 个 EV 值，光比就是 1∶8；同理，如果相差 4 个 EV 值，光比就是 1∶16，以此类推。相差的 EV 值越大，其亮面和暗面的亮度差异度就越大。

知识点 5：读取样本图像数据

学习目标

能够获取正确样本图像数据。

能够运用图像质量分析软件，读取样本图像数据。

学习活动

活动 1

根据拍摄样本图像，获取样本图像数据。

活动 2

观看基于 36 阶测试卡与灰阶测试卡的动态范围分析演示视频，掌握阶调层次、动态范围的方法。根据拍摄样本图像，用图像质量分析软件输出阶调层次、动态范围表现结果。

活动 3

自主学习阅读材料内容，根据拍摄的样图，计算色块 *SNR* 值并绘制曲线，并依据标准输出动态范围值。

阅读材料 1：动态范围测试相关标准

动态范围测试①

方法 1：动态范围测试即灰阶测试。按照 8.1 的要求在 D65 光源照明条件下，对灰阶测试卡进行拍摄，使该测试卡占整个取景视场面积的 50%～70% 且处于中心区域，拍摄后将拍摄图像输入电脑，在每个灰度条中截取面积不小于 30% 的灰度块，读出所截取的每个灰度块的灰度值，根据公式计算，从而可以判断从黑到白可分辨的灰阶的级数。

方法 2：测试环境、光源和被测终端照相摄像设备的设置要求如下：

测试环境温度控制在 21℃～25℃，湿度控制在 30%～70%。

测试使用 D50 面光源，面光源的表面尺寸应与测试卡相匹配，表面照度在（2 000±500）lx，表面照度的均匀度应在 95% 以内，亮度的幅度变化在 2% 以内。将噪声（点）测试卡图置于光源箱的面光源上，调整移动终端照相摄像设备和测试卡之间的相对距离和相对位置，让测试卡上标示的 4∶3（或 1∶1，3∶2，16∶9，依拍摄画面的宽高比而定）的区域刚好充满拍摄的整个画面。

拍照时，照相摄像设备建议采用如表 3-12 所示的参数设置。拍摄过程中，移动终端照相摄像设备曝光时间不得超过 1/30 s。拍照时，可以让镜头处于稍微虚焦的状态以消除标板网纹的影响。移动终端照相摄像设备的自动曝光需要调整到将拍摄照片中对应于测试卡背景区域的像素亮度值控制在 110～130 之间。

---

① 选自《移动终端图像及视频传输特性技术要求和测试方法》（YD/T 1607—2016）第 8.6 节。

表 3-12 照相摄像设备参数设置

参数	设置
像素数	感光器件原生像素数
图像压缩	JPEG、最佳质量
图像增强或特效	关闭
颜色	出厂默认设置
闪光灯	关闭
图像稳定功能	关闭
拍照模式	自动模式
ISO 感光度	自动模式
白平衡	自动模式
延时拍照	2 s（或用遥控触发）
自动对焦	打开
镜头校正	打开
噪声抑制	出厂默认设置
数字变焦	关闭

动态范围具体测试方法如下：

在拍摄的照片中，从编号为 1 的块开始，依次考察编号递增的各个块，找到像素平均亮度值（亮度分量 Y）最接近 255、但是小于 255 的块，记录下测试卡上对应于该块的光反射密度值 R_{sat}，按照公式（1）计算 L_{sat}：

$$L_{sat} = 10^{-R_{sat}} \qquad (1)$$

找到测试卡上光反射密度值最接近 2.0 的块，假设该块在 1～20 个块中的编号为 j。记录下该块的光反射密度 R_j 及所拍照片中对应的该块的像素平均亮度值 I_j，按照公式（2）计算 L_j：

$$L_j = 10^{-R_j} \qquad (2)$$

找到测试卡上编号为 $i=j-1$ 的块，记录下该块的光反射密度 R_i 及所拍照片中对应的该块的像素平均亮度值 I_i，按照公式（3）计算 L_i：

$$L_i = 10^{-R_i} \qquad (3)$$

找到测试卡上编号为 $k=j+1$ 的块，记录下该块的光反射密度 R_k，所拍照片中对应的该块的像素平均亮度值 I_k，按照公式（4）计算 L_k：

$$L_k = 10^{-R_k} \tag{4}$$

使用公式（5）计算增量增益 g：

$$g = \frac{1}{2}\left(\frac{I_j - I_i}{L_j - L_i} + \frac{I_k - I_j}{L_k - L_j}\right) \tag{5}$$

按照 ISO 15739 的两种方法，分别计算 $L_{\min}$ 值。其中使用公式（6）计算 $L_{\min}$ 值时，需获取拍摄照片中编号为 j 的块的时间域噪声标准差 σ_{temp}。

$$L_{\min} = \frac{\sigma_{\text{temp}}}{g} \tag{6}$$

根据公式（7）计算动态范围 DR。

$$DR = \frac{L_{\text{sat}}}{L_{\min}} \tag{7}$$

阅读材料 2：imatest 动态范围分析

（1）运行 imatest 软件，点击“Color/Tone”设置为“(Multicharts)”或选择 Color/Tone Auto（multicest）模块来分析图像，如图 3-20 所示。

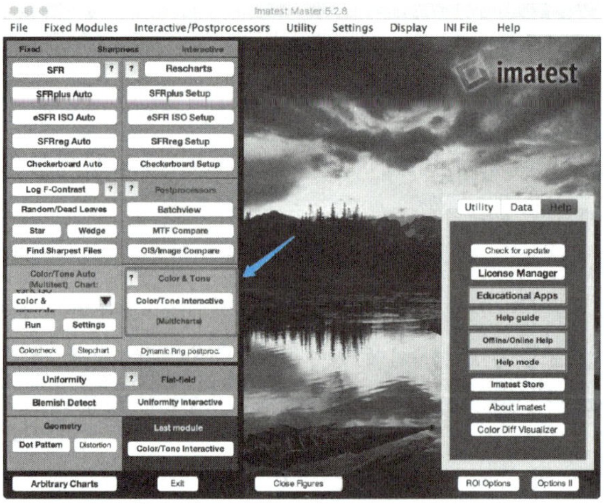

图 3-20 imatest 运行界面

（2）读入图像，点击“Read image File”按钮，如图 3-21 所示。

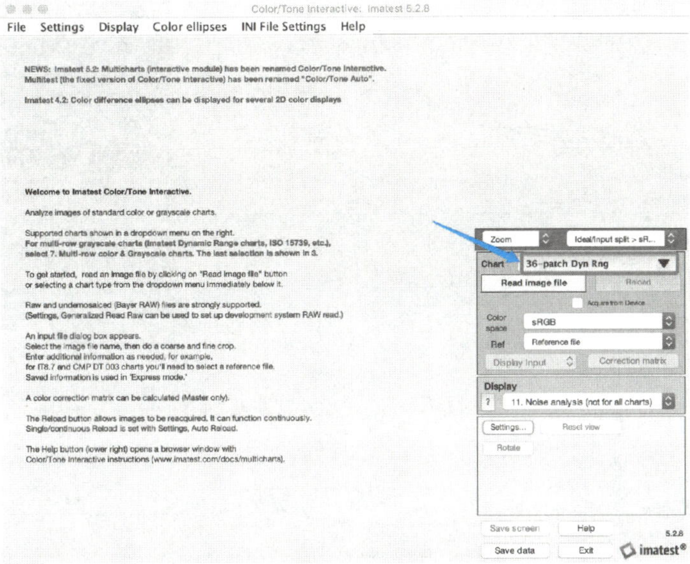

图 3-21　读入图像

（3）正确调整 ROI 选区。然后点击“Yes, Continue”按钮，如图 3-22 所示。

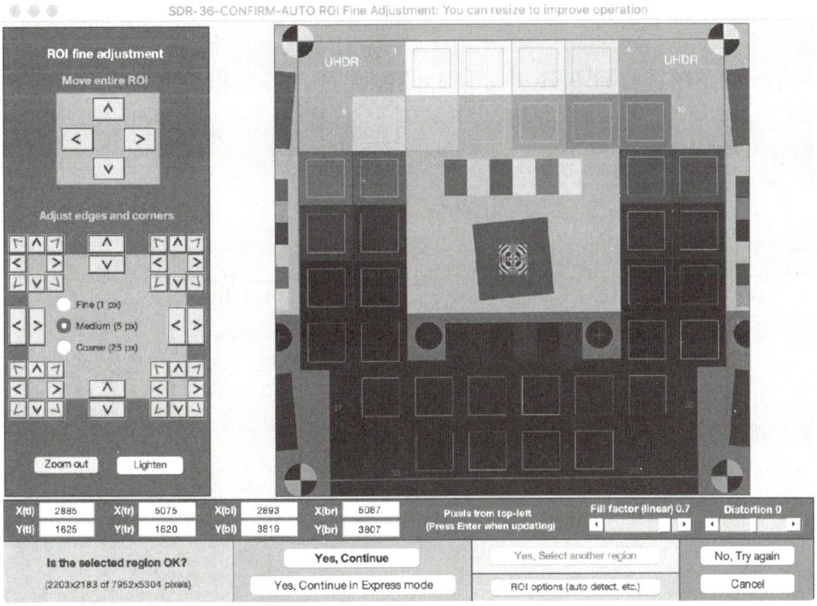

图 3-22　调整 ROI 选区

（4）分析结果如图 3-23 所示，注意一定要选择正式的灰阶密度参考数据。

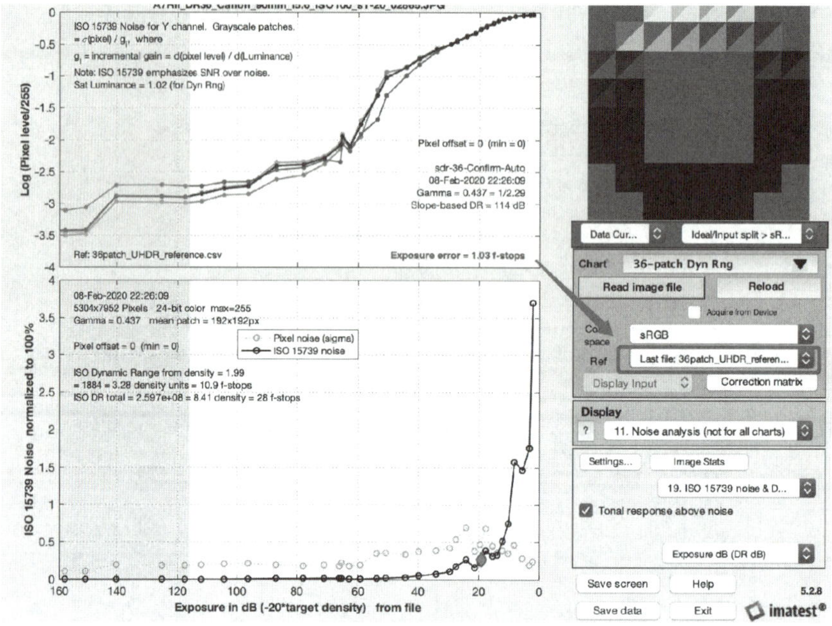

图 3-23　分析结果

活动 4

根据拍摄的样图，计算色块密度值并绘制曲线，并依据标准输出动态范围值。

小贴士

（1）动态范围推导公式：

$$DR=20\left(D_{\text{black}}-D_{\text{white}}\right)=20\left(\lg\frac{I_0}{I_{\text{黑}}}-\lg\frac{I_0}{I_{\text{白}}}\right)$$

其中，$\lg\frac{1}{T}$为密度 D，D_{black} 为图片暗区的光密度，D_{white} 为亮区光密度。

（2）密度计算公式可参考比尔－朗伯定律：

$$A=\lg\frac{10}{I_t}=\lg\frac{1}{T}$$

其中，A 为吸光度，I_0 为入射光强度，I_t 为透射光强度，T 为透射比或透光度。

知识点 6：动态范围表现参数的测量及分析

学习目标

能够依据行业标准评价设备动态范围表现。

能够根据动态范围测量的任务要求，完成手机的动态范围测量报告。

学习活动

活动 1

针对待测设备的测量结果，依据相关标准，设计动态范围测试报告，并填写测试数据，与行业标准规定的数值对比，给出评价结论。

阅读材料：相关行业标准（ISO 15739：2023）

在 ISO 15739：2023 中动态范围定义为信噪比 $SNR_{scene}=1$（0 dB）。imatest 动态范围在几个细节上与 ISO 15739：2023 中的内容不同（尽管我们确实测量了 ISO 15739 测试卡动态范围），因此结果是不一样的。imatest 会产生更精确的结果，因为它直接从透射测试卡中测量动态范围，而不是对最大密度 = 2.0 的反射测试卡推导的结果。

按照 ISO 15739：2023 的规定，动态范围的定义是最大曝光水平（提供的像素值低于高亮剪切值）与最小曝光水平（至少为 1 的增量信号与时域噪点比的曝光水平）之间的比率。动态范围 DR 可以表示为

$$DR=\frac{L_{sat}}{L_{min}}$$

其中，L_{sat} 为最大未剪切输入亮度，L_{min} 为最小输入亮度（信号与时域噪点比为 1 时）。

当暗部发生剪切并级，无法得到 L_{min} 时（信噪比为 1 的最小输入亮度），可以通过测量密度为 2 的信号时域噪声比来进行估算。即

$$L_{min}=\frac{\sigma_{temp,2}}{g_2}$$

其中，L_{min} 是密度为 2 的条件下的时域噪点，g_2 是密度为 2 时的增量增益。需要注意的是，当增量增益等于 0 时，无法得到增量信号时域噪声比。

黑场时域噪点是通过测量并计算每张图像与平均图像像素差值的标准差而得到的。即

$$\sigma_{temp}=\sqrt{\frac{n}{n-1}\sigma_{diff}^{2}}$$

其中，σ_{temp} 为时域噪声的标准差，σ_{diff} 为每张图像与平均图像像素差值的平均标准偏差。

在可能的情况下，最小亮度水平由增益信号时域噪点比为 1 的条件决定。因为在测试动态范围时，建议使用具有较大动态范围的透射密度灰阶测试卡，如果透射测试卡的密度范围不够大，则使用透射密度为 2 的灰阶来推算相机的动态范围。

动态范围除了可以表示为一个比例，也可以表示为密度范围（一个密度等级相当于 20 dB）：

$$DR_{density}=\lg L_{sat}-\lg L_{min}$$

或光圈系数：

$$DR_{f\text{-}stops}=\frac{\lg L_{sat}-\lg L_{min}}{\lg 2}$$

活动 2

依据所给的测试任务书，分组，选择一款手机完成动态范围测量，参考测试报告模板，完成并提交素材库中的动态范围测试实训报告。

阅读材料：测试报告模板

动态范围测试实训报告

填写实训信息，如表 3-13 所示。

表 3-13 实训信息

实训班级与拍摄时间					
项目组成员					
拍摄设备名称、品牌及型号					
焦距		曝光模式		设备像素数	
光圈		对焦模式		设备年限（月数）	

插入使用设备的图片，如图 3-24 所示，请替换为实际使用的设备图像。图像大小为 70 mm × 80 mm。

图 3-24　设备图片示例

（1）原理及法则

动态范围图像获取设备能够获取的亮度级别，通常用 F-stop，EV、Zone 来测量。动态范围的测量接近噪点的测量，噪点高表明动态范围低。动态范围也与阶调响应相关，阶调响应曲线的斜率越高，对比度越高，但可能会使动态范围丢失，即细节丢失；图像显示时，高亮调和暗调将被裁切。

动态范围可以用 *RMS* 或 *SNR* 来指明，保持在某一指定的最大值之下；最大的噪点值越低，图像质量越好，相应的动态范围越小。imatest 计算的动态范围包括几个最大的 *RMS* 等级，从 0.1f-stops（高图像质量，$SNR = 10$）到 1f-stops（低图像质量，$SNR = 1$）。

$SNR = 1$ 的动态范围定义，依据 ISO 15739 中的电子图像噪点测量标准部分。

imatest 采用 36 阶透射测试卡，不同于 ISO 15739 测试卡，能够获得更精确的结果。

有时动态范围受阶调响应的限制，如果没有噪点，动态范围则作为整体检测范围（Total dB）。

（2）测试条件

测试条件如表 3-14 所示。

表 3-14 测试条件

测试卡	36 阶动态范围测试卡
光源	类型：IQL 自定义照明 色温：4 150 K 亮度：约 128 cd/m^2 一致性：＞ 95%
距离	约 1.061 m
曝光	AE（自动曝光）
白平衡	AWB（自动白平衡）
测试参数	信噪比（dB）
其他	安装于三脚架上，自动 ISO 模式

注：

① 参考测试原理及测量条件，完成 36 阶动态范围测试卡拍摄；

② 使用 imatest 软件中的 Stepchart 模块完成动态范围分析；

③ 输出动态范围、密度响应计算结果图；

④ 参考上述法则完成结果分析。

图 3-25

（3）结果

记录色温 4 150 K，照度 128 lx 条件下的动态范围至表 3-15。

表 3-15 测量结果

测量条件 1	色温：		光源照度：		
动态范围（dB）	低	中	中高	高	超高

结果分析：计算结果示例如图 3-26 所示，请替换为实际测量结果。图像大小为 110 mm × 120 mm。

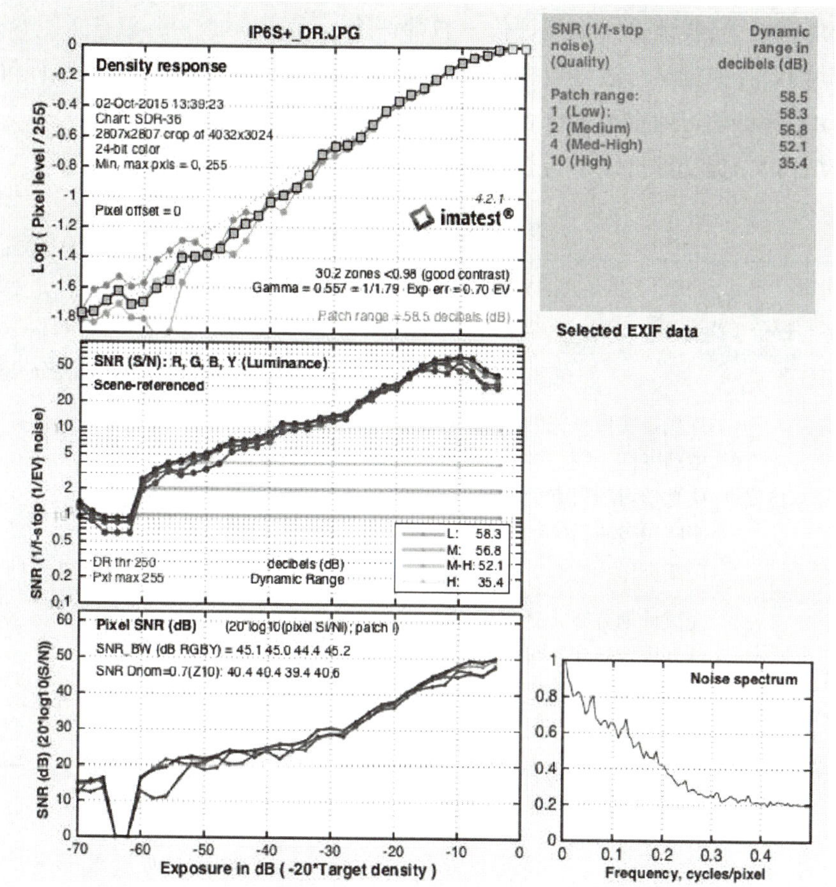

图 3-26　动态范围计算结果示例

3.4　检查与评价

学习目标

能够在教师的指导下对任务结果进行合理、正确的评价。

学习活动

活动名称：学习检查与评价。

活动目标：能够正确使用学习评价表，完成学习质量的评价。

活动时间：建议时长 10～15 min。

活动方法：自我评价 + 小组评价 + 教师评价。

活动内容：根据学习过程数据记录，进行自我评价、小组评价和教师评价。

活动工具：学习检查与评价表（表 3-16）。

活动评价：提交评价结果与教师反馈意见。

表 3-16　学习检查与评价

<table>
<tr><td>小组</td><td></td><td>课程名称</td><td></td><td>学习者</td><td></td></tr>
<tr><td colspan="6">学习任务与评价（满分 100 分）</td></tr>
<tr><td>项目任务</td><td colspan="2">考核指标（打√）</td><td>自我评分</td><td>组长评分</td><td>教师评分</td></tr>
<tr><td>资讯阶段（15 分）</td><td colspan="2">查找与项目有关的资料 □
主动咨询 □
认真学习项目有关的知识技能 □
团队积极研讨 □
团队合作 □</td><td></td><td></td><td></td></tr>
<tr><td rowspan="2">计划与决策阶段（15 分）</td><td colspan="2">完成计划方案（10 分）
计划内容翔实、可执行 □
思路清晰 □
团队合作 □</td><td></td><td></td><td></td></tr>
<tr><td colspan="2">分析计划方案可行性（5 分）
计划方案合理 □
任务清晰 □
时间安排合理 □</td><td></td><td></td><td></td></tr>
<tr><td rowspan="2">实施过程（50 分）按照重要和难易程度配分</td><td rowspan="2">专业技能评价</td><td>标准样本图像的获取（30 分） □</td><td></td><td></td><td></td></tr>
<tr><td>动态范围参数的测量及分析（20 分）□</td><td></td><td></td><td></td></tr>
<tr><td>方法与能力（10 分）</td><td colspan="2">分析解决问题能力 □
组织能力 □
沟通能力 □
统筹能力 □
团队协作能力 □</td><td></td><td></td><td></td></tr>
<tr><td>素质能力（10 分）</td><td colspan="2">学习态度 □
责任心 □
质量意识 □</td><td></td><td></td><td></td></tr>
</table>

（续表）

教师评价： 教师签名： 评价时间：

3.5 反馈与总结

学习目标

能够在教师的指导下对任务结果进行合理、正确的反馈与总结。

学习活动

活动名称：学习反思与总结。

活动目标：能够在教师和小组长的带领下，完成 PPT 报告总结和视频总结。

活动时间：建设时长 30 min。

活动方法：自我评价 + 小组代表分享 + 教师评价。

活动内容：请小组代表运用 PPT 总结形式完成课堂分享。教师布置课后作业。要求每位学生在组内以 PPT 报告的形式完成学习经验的分享，并将分享过程录制成视频，视频在下次课堂开始前提交。

活动工具：PPT 制作学习总结报告。

活动评价：提交反思与总结结果与教师反馈意见。

以学习小组为单位，评选小组最佳作品或成果及最佳学习代表。

3.6 巩固练习

在教师的指导下，以小组形式完成“不同手机品牌动态范围测量与比较”项目实训任务。整理实训成果或总结，提交给教师审阅并听取教师的反馈意见。如遇到疑问或挑战，及时咨询教师。

学习项目 4：数字图像颜色表现测量

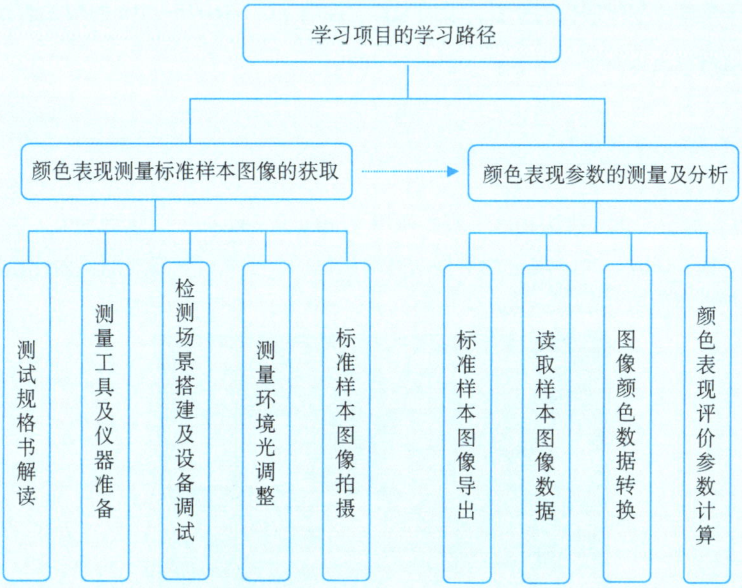

4.1 项目引入

1 学习情景

学习项目 4 视频

本项目的学习情景如表 4-1 所示。

表 4-1 手机相机颜色表现测量

项目主题	手机相机颜色表现测量
项目日期	
工作内容及要求	学习情景： A 公司发布了一款旗舰手机，因“人像大师”的广告语而备受青年消费者青睐。 B 公司一直将 A 公司作为对标公司，B 公司想把该款手机作为竞品，于是从市场上采购了一台，移交至检测部门进行测试。 像质检测部门负责检测该手机拍照的像质表现。请组织团队完成手机相机的颜色表现的测量。 手机相机颜色表现的参照执行：① CPIQ 发布的 IEEE Std 1858™—2016 标准中第 7 部分——饱和度等级的检测要求；②国家行业标准 YD/T 1607—2016 的相关章节
学习要求	手机相机颜色表现测量，主要解决 3 个主要问题： （1）评价手机颜色表现采用什么样的测量方法？ （2）用哪些指标来评价？ （3）这些指标怎么量化？ CPIQ 推荐测量手机相机饱和度等级时使用 Xrite-Colorchecker 24 色测试卡。国家行业标准 YD/T 1607—2016 规定测量移动终端相机的白平衡、色彩还原误差、色彩饱和度等指标时使用 Colorchecker 24 色测试卡，该测试卡如图 4-1 所示。 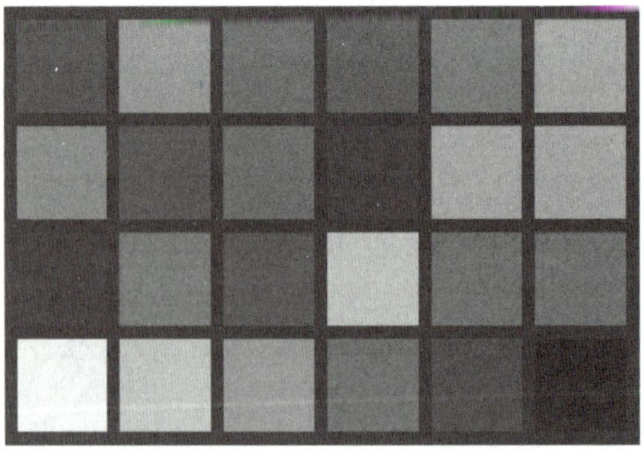 图 4-1 Colorchecker 24 色测试卡 颜色表现的评价指标：色彩饱和度；色差和彩度差；白平衡误差

2 获取资讯

根据学习过程任务的要求，完成手机相机颜色表现测量的项目，并自主学习知识概念和资讯信息。

知识概念：数字图像质量检测环境及工具、饱和度等级、白平衡误差、色差及色温等。

资讯信息：手机相机参数设置，颜色工业评价色彩的常用工具及色差公式、CPIQ 行业标准、YD/T 1067—2016 行业标准等。

学习目标

能够正确查询或搜集关键知识清单中的知识概念和资讯信息内容。

能够初步描述知识概念的含义与资讯信息类型。

学习活动

活动 1

以学习小组为单位，在教师的指导下，通过工作手册阅读、网络查询和相关专业书籍查询，初步理解以上知识概念的内涵，然后制作信息收集文档，并提交所收集的内容。

活动 2

列举测量手机相机颜色表现的要求。（不少于 5 条）

3 项目目标

通过对本项目的学习，可达成的目标如表 4-2 所示。

表 4-2 项目目标

思政 / 素养目标	能够遵守颜色评价的规则，培养图像质量测试工程师的职业道德
	能够认真对待测试规格书，养成依据标准完成检测的工作习惯
	能够培养精益求精、专注严谨和科学求实的工作态度
	能够遵守实训室安全守则，规范操作设备，爱护仪器，保护自身安全
	能够觉察民族品牌摄像设备科技发展现状与挑战，理解科技自主自强的含义
技能目标	能够根据测试规格书的要求，准备测试用具，完成颜色表现测量环境的搭建

（续表）

技能目标	能够根据测试样图的要求，熟练调节三脚架、云台等工具，完成标准样本图像获取
	能够根据测试规格书的要求，设定图像质量分析软件参数，完成客观评测图表输出
	能够根据图像分析软件输出的图表，提取颜色表现客观数值，完成测试报告的填写
	能够依据测试标准的检测方法，完成颜色表现参数的计算
知识目标	能够正确理解色差、色相差、饱和度差的概念
	能够解释白平衡现象
	能够认识 Colorchecker 标准测试卡颜色构成
	能够说明 RGB、HSB、CIELab 颜色空间的区别
	能够描述颜色转换矩阵的意义
	能够描述标准颜色空间 sRGB 与 Display P3 的差异

4.2 计划与决策

1 制订计划

学习目标

能够在教师指导下制订合理的手机相机颜色测量表现实施方案。

学习活动

阅读相关材料或咨询相关人员，提出实施方案，梳理主要的工作步骤和可能遇到的挑战，并将其整理出来提交给教师。

2 进行决策

学习目标

能够在教师或学习组长的指导下筛选并确定最佳的手机相机颜色表现测量实施

方案。

学习活动

对比所提出的手机相机颜色表现测量实施方案，说明制订此实施方案的依据。根据教师或成员反馈意见进一步优化实施方案，最终确定颜色表现测量的实施方案，并将最终实施方案整理并呈现出来。

4.3 学习任务

结合实施方案，完成以下学习任务。

任务 1：颜色表现测量标准样本图像的获取

通过对本任务的学习，能够获得的目标能力如表 4-3 所示。

表 4-3 任务目标

职业技能	学习目标	学习方式
测试规格书解读	• 调查测试设备成像系统配置 • 认领测试规格书，确认测试要求	自主学习
搭建图像测量工作环境	• 能够正确描述数字图像质量检测工作对测量环境的要求 • 能够列举图像颜色表现测量所必备的软、硬件	课堂学习或自主学习
	• 能够完成图像颜色表现测量所需的工具准备与查验 • 能够规范、安全操作测量仪器及设备	实训学习
图像质量检测设备设置	• 能够口述图像颜色表现测量所依据的行业标准要求	课堂学习或自主学习
	• 能够完成图像获取辅助设备的安装及调试 • 能够依据测试标准要求，配置颜色表现测量测试装置	实训学习
图像测量环境光调整	• 能够依据测试标准要求，配置环境光色温及照度 • 能够完成测试卡表面光照均匀性的调整	实训学习
标准样本图像拍摄	• 能够说明拍摄距离、像平面的定义 • 能够设置或初始化待测相机拍摄参数，减少检测结果的不确定性 • 能够完成取景比例及图像变形的精确纠正	课堂或自主学习

（续表）

职业技能	学习目标	学习方式
标准样本图像拍摄	• 能够遵守操作规范及着装要求 • 能够正确拍摄标准的测试样图，符合规格书拍摄要求	课堂或自主学习

知识点 1：器材准备

学习目标

能够描述图像质量检测工作对工作环境的要求。

能够列举搭建手机相机图像检测工作环境所需要软、硬件。

能够掌握照度计的正确操作方法。

学习活动

写出图像检测对工作环境的要求，并列举搭建手机相机图像检测工作环境所需要软、硬件。

小贴士

器材清单信息参考学习项目 1。

知识点 2：测量器材的使用

学习目标

能够正确使用照度计完成环境光参数的测量。

能够正确描述照度计仪的工作原理。

能够在教师的指导下完成三脚架、云台、导轨的正确安装。

能够理解标准光源特征和作用。

能够遵守仪器设备的操作规范，安全作业。

学习活动

活动 1

观看照度均匀性测量演示视频，描述照度的测量方法、照度计使用过程的注意事项以及标准光源的特征。

阅读材料 1：仪器设备的操作规范

图像质量检测需要配置照度计，用于测量检测环境光的色温、照度、显色指数等参数。

照度计的操作步骤：

① 打开照度计电源开关；

② 按下测量键，完成测量仪器的校正（注意，若为当天首次开机建议先校正，校正操作时不要打开遮光盖）；

③ 按下功能键，设置测量参数，主屏常显参数至少包括色温和照度；

④ 打开遮光盖，露出测量头；

⑤ 测量反射测试卡表面照度，让测量头面对光源，手持仪器让显示屏贴在测试卡表面，按下测量键，松开按键，听到仪器发出“嘀嘀”响声后，在显示屏上读取测量值（仪器测量时间与环境光光照强度相关，光照度强，仪器反应相对快，测量时间短，反之，环境光光照强度低，仪器反应相对慢，测量时间变长）；

⑥ 测量完成，盖上遮光盖，将仪器平稳放在操作台面上。

阅读材料 2：器材类型与功能

CL-500A 是由柯尼卡美能达公司推出的手持式的分光辐射照度计，如图 4-2 所示。凭借先进的光学传感技术和创新的设计，CL-500A 可用于测量新一代光源，如 LED、OLED、有机 EL 照明的显色指数、照度、色度、相关色温等参数。

图 4-2　CL-500A 示意图

无论在实验室研发还是照明现场测量，CL-500A 都可以满足使用要求，为用户提供便携轻松的操作体验。CL-500A 运用了分光原理，内置光栅和传感器阵列使其可以对光源光谱进行分析，通过光谱数据计算光源的显色指数。显色指数是光源的光谱属性和光品质定义的重要评估标准。用 CL-500A 可以得到一般显色指数 R_a 和特殊显色指数 R_1～R_{15}。

使用传感器阵列的另一个好处是可以复现光源的光谱图，对如 LED、OLED、高压灯这类波峰能量集中、半波宽较窄的光源的光谱图有很好的呈现。

CL-500A 不但可以测量显色指数，还可测量照度（*E*）、色坐标（1 931 *xy*, 1976 *u'v'*）、相关色温 *T*、Δuv、三刺激值（*X*、*Y*、*Z*）、特征波长 λ、色纯度 P_e、色差值。通过随机附送的软件 CL-S10w，可连接电脑显示光源的显色指数评估图、色温色坐标图、光谱数据等。针对同一批次 LED 也会出现较大色差的问题，软件提供按颜色对 LED 分级的功能。

通过电脑软件 CL-S10w，可最多连接 10 台 CL-500A 同时进行多点测量，方便用户对环境的照度均匀性、光源色温进行跟踪评估。

参考链接：

https://www.konicaminolta.com.cn/instruments/products/light/cl500a/index.html

活动 2

根据提供的学习案例，自主学习或与学习小组成员研讨，分析说明错误案例问题原因，并提出解决问题的思路与方法。案例如图 4-3 所示。

（a）正确案例

错误案例 1

错误案例 2

（b）错误案例

图 4-3　案例图片

阅读材料：照度计的工作原理

照度计（或称勒克斯计）是一种专门测量照度的仪器仪表。照度计可以测量物体被照明的程度，即物体表面所得到的光通量与被照面积之比。照度计通常是由硒光电池或硅光电池配合滤光片和微安表组成，其原理如图 4-4 所示。

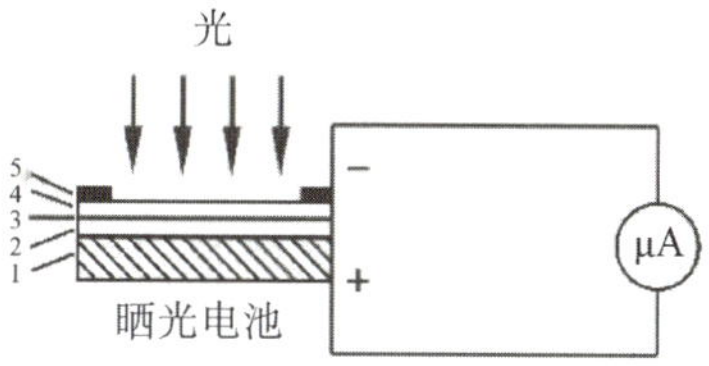

1—金属底板；2—硒层；3—分界面；4—金属薄膜；5—集电环

图 4-4　硒光电池照度计原理

光电池是把光能直接转换成电能的光电元件。当光线射到硒光电池表面时，入射光透过金属薄膜到达半导体硒层和金属薄膜的分界面上，在界面上产生光电效应。由此产生的电流与光电池受光表面上的照度有一定的比例关系。这时如果接上外电路，就会有电流通过，电流值将在以勒克斯（lx）为刻度的微安表上指示出来。光电流的大小取决于入射光的强弱。照度计有变挡装置，因此可以测高照度，也可以测低照度。

照度计的种类：

① 目视照度计：使用不便，精度不高，很少使用。

② 光电照度计：常用硒光电池照度计和硅光电池照度计。

活动 3

将三脚架、云台调试到水平状态，评价并诊断三脚架、云台是否处于水平状态。

知识点 3：搭建工作环境

学习目标

能够根据测试规格书的要求，准备好所需实物器材。

能够解释工作环境搭建的规范与要求。

学习活动

活动 1

自主学习阅读材料与学习项目 1 中的表 1-4。列举搭建测试环境所需的器材清单。

阅读材料：搭建手机相机拍照颜色表现测量环境

测试环境及安排①

移动终端照相摄像设备的图像及视频相关特性的测试应在如下的测试环境中进行：

——暗室要求：测试的环境照度应小于 1 lx。

——环境要求：温度 15 ℃～35 ℃，相对适度 25%～75%，气压 86～106 kPa。

——标准光源要求：光源应采取必要的遮光措施，防止光源直射镜头。

——标准光源的色温要求：测试中可使用的光源色温包括 D65 光源色温 6 500 K、TL 光源色温 4 000 K、A 光源色温 2 856 K 等。实际测试环境的光源色温标准偏差应不大于 200 K。

——测试卡表面照度要求：如无特殊规定，为保证照相摄像设备拍摄测试卡时能够输出足够的信号，拍摄时测试卡表面照度应在 700～1 200 lx 之间。

——测试卡表面照度均匀性要求：在 D65 光源色温下，测试卡上任何一点的照度与测试卡中心照度差不大于 10%；其他色温下，测试卡上任何一点的照度与测试卡中心照度差不大于 10%。

——测试卡其他要求：测试卡背景采用反射率为 18% 的中性灰。测试卡周围（包括放置测试卡的置具）应是低照度，以减少炫光。

拍摄时应保证照相设备镜头无脏污；且如无特别说明，移动终端照相设备设置为默认状态。拍摄测试卡时需要用测试设备固定，使测试卡中心与被测试设备的照相摄像设备光轴一致，并保持测试卡与镜头的光轴垂直。

调整相机摄像设备镜头与测试卡之间的距离，使测试卡成像清晰。如无特殊要求，照相摄像设备镜头与测试卡之间的距离建议在 20～150 cm 之间，如果超出这个范围，需要在测试结果中说明。

---

① 选自国家通信行业标准《移动终端图像及视频传输特性技术要求和测试方法》（YD/T 1607—2016）第 8.1 节。

测试卡选取原则：卡的大小应该根据测试距离选择，在确定的拍摄测试距离上，所选的卡应可以在摄像设备得到合适大小的图像（充满视场或按照相应比例的取景视场要求）。

测试输出图像均为移动终端输出的 JPG 格式或 BMP 格式图像。

活动 2

写出搭建工作环境的规范与要求。

阅读材料：工作环境搭建规范（表 4-4）

表 4-4　手机相机颜色测量工作环境搭建规范

测试前准备	测试环境：暗房，中性色背景，测试环境的照度小于 1 lx。 器材及工具：导轨、三脚架、云台、照度计、测距仪、Colorchecker 标准测试卡、多色温标准光源、观察台、图像质量分析软件等
标准样图拍摄	要求：测试卡占整个取景视场面积的 50%～70% 且位于中心区域
颜色表现参数计算	分析工具：imatest 软件或其他图像质量分析工具，输出色差图、白平衡误差图
撰写测试报告	提取颜色表现数据：色差平均值、饱和度等级、白平衡误差值等

知识点 4：3A

学习目标

能够根据提供学习素材，理解 3A 的含义。

学习活动

找到所有的手机或者待测设备的 3A 功能，并说明 3A 的用途。

小贴士

3A 指的是自动对焦 AF（Auto Focus）、自动曝光 AE（Auto Expose）及自动白平衡 AWB（Auto White Balance）。

知识点 5：测试设备设置

学习目标

能够正确设置测试设备的工作状态。

学习活动

观看测试设备正常工作状态演示视频，找出关键操作要点，并描述其正常工作状态规范要求。

知识点 6：色温、照度、亮度、照度均匀性

学习目标

能够解释测量光源的色温、亮度、照度、照度均匀性的概念。

学习活动

活动 1

根据提供的照度均匀性图片（图 4-5），确定测试点的位置，计算出该场景图片中整体照度均匀性。

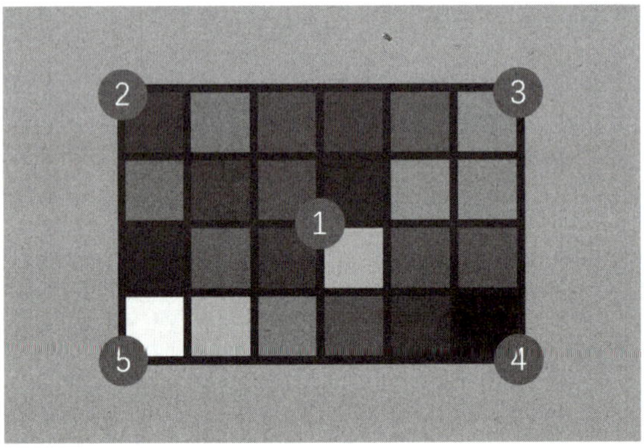

图 4-5　多点测量案例

小贴士

$$照度均匀性=1-\frac{最大值-最小值}{平均值}\times 100\%$$

活动 2

自主学习阅读材料内容，根据提供的测试规格书和特定场景（表 4-5），测量并调整光源的照度、色温数据，判断是否符合规格书的要求。

表 4-5　测试规格书

测试项目	测试条件	测试标准	测试结果
颜色精度	色温：2 800 K 照度：800 lx		
	色温：4 000 K 照度：800 lx		
	色温：6 500 K 照度：800 lx		
AWB 准确性	色温：2 800 K 照度：800 lx		
	色温：4 000 K 照度：800 lx		
	色温：2 800 K 照度：800 lx		

阅读材料：色温、照度、亮度

色温是表示光线中包含颜色成分的一个计量物理量。从理论上说，黑体温度从绝对零度（−273.15 ℃）开始加温后，黑体逐渐由黑变红，转黄，发白，最后发出蓝色光。当加热到一定的温度，黑体发出的光包含不同的光谱成分，呈现不同的色彩，当光源发出的光与黑体某温度下的光色相同时，就将该温度记录为此光源的相关色温，计量单位为开尔文（K）。

照度指单位面积上所接受可见光的光通量，单位勒克斯（lx）。用于指示光照的强弱和物体表面积被照明程度。

亮度是指发光体光强与光源面积之比，定义为该光源单位的亮度，即单位投影面积上的发光强度。亮度的单位是坎德拉 / 平方米（cd/m^2）。

活动 3

根据表 4-6，描述查询表模拟的生活场景。

表 4-6　拍照条件查询表

典型场景	调节参数	照度均匀性
高光	2 000 W；D55（色温）	±10%
中光	250 W；户内光（条件）	±10%
暗光	10 W；暖光	±10%

知识点 12：镜头成像

学习目标

能够说明拍摄距离、像平面的定义。

能够正确判断并调整待测设备图像畸变。

学习活动

活动 1

观看镜头成像原理讲解视频，并拍摄一个物体，说明拍摄距离与成像的大小的关系。

阅读材料：镜头成像原理

数码相机的摄影过程类比人眼的成像过程，如图 4-6 所示。

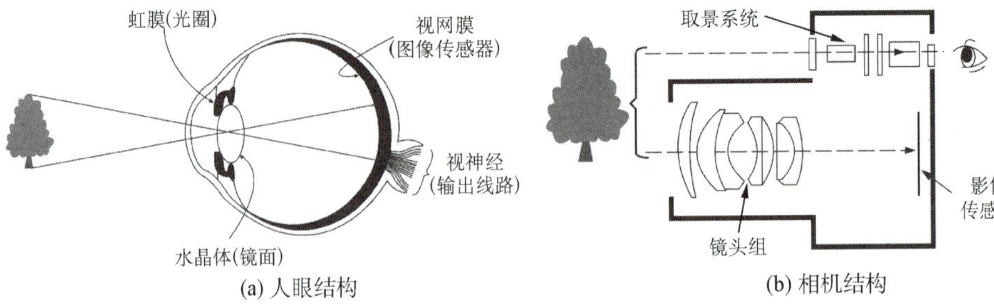

图 4-6　人眼与相机成像对比

手机相机的工作原理：物体反射光通过镜头（水晶体）和光圈（虹膜）的调节，将生成的光学图像投射到传感器（视网膜）上，然后光学图像被转换成电信号（神经电信号），电信号再经过模数转换变为数字信号，数字信号经过 DSP 加工处理，再被送到手机处理器中进行处理，最终记录在存储设备上（传到大脑，感知到物体存在）。

手机摄像头由 PCB 板、镜头、固定器、滤色片、DSP（数字信号处理芯片）、传感器等部件组成。

① PCB 板

摄像头中常用到的 PCB 板分为硬板、软板和软硬结合板 3 种，如图 4-7 所示。CMOS 可用任意一种板，但 CCD 只能用软硬结合板。这 3 种板中软硬结合板价格最高，硬板价格最低。

（a）软板

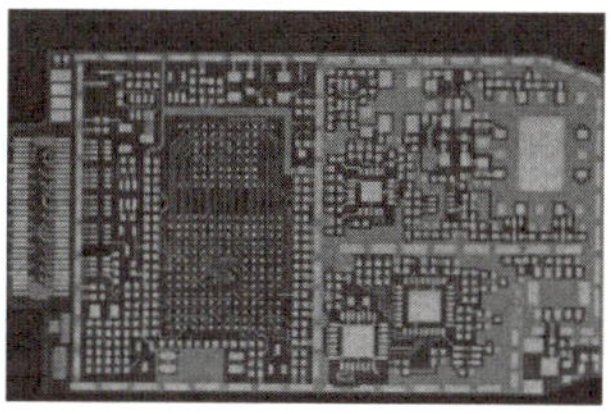
（b）硬板

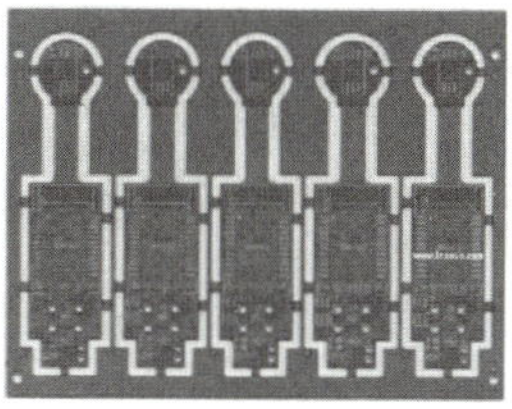
（c）软硬结合板

图 4-7　PCB 板

② 镜头

手机镜头成像原理主要有两种：一是小孔成像原理；二是光沿直线传播原理。用一个带有小孔的板遮挡在墙体与物之间，墙体上就会形成物体的倒立实像，这种现象称作小孔成像。前后移动中间的板，墙体上像的大小也会随之变化，这种现象说明了光沿直线传播的性质。

在小孔成像中，被拍摄者身上所投射的所有光线中只有极小的一束能穿过小孔，再投射到毛玻璃或者是感光胶片上从而被看到。因为光很弱且暗淡，所以得到的影像都不是很清晰。若我们将小孔换成凸透镜，则被拍摄者身上通过某点的所散射的光线，会有很大一部分的被凸透镜汇聚到成像面上，因为穿过小孔的光线多了，所以成像会明亮一些。

单个凸透镜成像的效果虽然明亮，但凸透镜本身也会有像差，因此成像清晰度不够。如果用几片透镜来代替单个凸透镜，则被拍摄的物体的散射光不但能够通过凸透镜汇聚，还可以被别的镜头校正，这种像素差被大大地消除后，得到的影像既清晰又明亮。摄影常用镜片有塑胶透镜或玻璃透镜。

③ 固定器和滤色片

固定器主要用于固定镜头。滤色片也称为分色滤色片，目前有两种分色方式，一种是 RGB 原色分色法，另一种是 CMYK 补色分色法。

④ 传感器

传感器将从镜头上传导过来的光线转换为电信号，再通过内部的模数转换为数字信号。由于传感器的每个像素只能感光 R 光、B 光或 G 光，如图 4-8 所示，因此每个像素此时存贮的是单色的，一般称之为原始数据。要想将每个像素的原始数据还原成三原色，就需要用信号处理器 ISP 来处理。

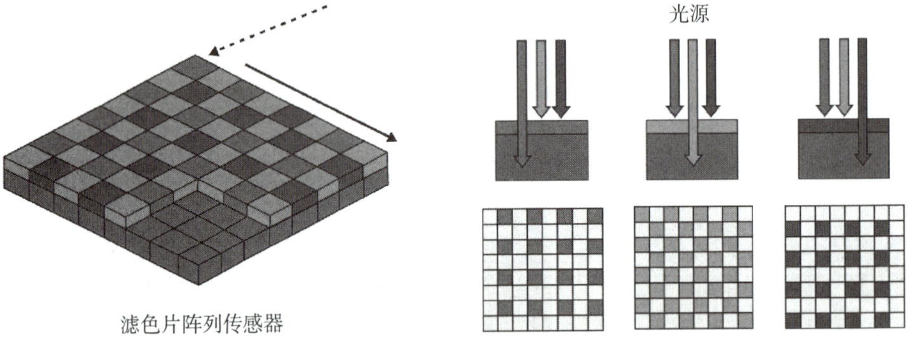

图 4-8 传感器

摄像头传感器主要有两种，一种是 CCD 传感器，另一种是 CMOS 传感器，如图 4-9 所示。两种传感器的区别在于：CCD 成像质量优于 CMOS，但制作复杂，成本高，耗能大，不适用于手机；CMOS 成像质量虽然较差，但耗能低，制造简单，体积也比 CCD 小巧，适用于手机。

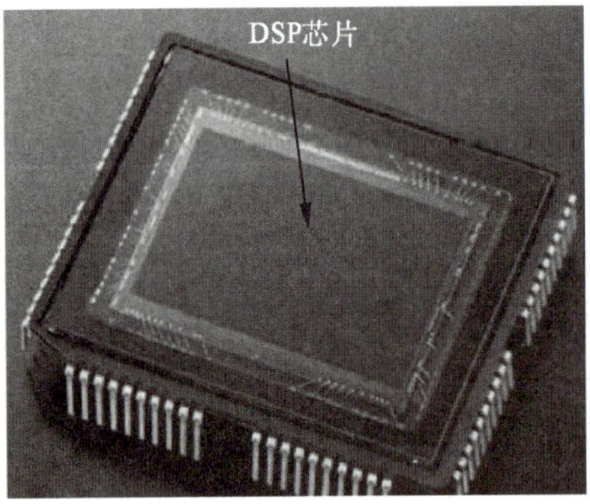

（a）CCD 传感器

（b）CMOS 传感器

图 4-9 传感器

⑤ DSP

DSP 通过一系列复杂的数学算法运算，对数字图像信号进行优化处理，最后把处理后的信号传到显示器上。DSP 常在 CCD 中使用，因为在 CMOS 传感器的摄像头中，其 DSP 芯片已经集成到 CMOS 中，从外观上来看，它们就是一个整体，而采用 CCD 传感器的摄像头则分为 CCD 和 DSP 两个独立部分。

活动 2

根据素材库中的图片库（简单畸变、复杂畸变），判断图片畸变方向，并思考如何使用云台进行畸变校正。

知识点 13：样本图像拍摄、拍摄操作规范

学习目标

能够遵守操作规范及着装要求。

能够正确拍摄标准的测试样图，符合规格书拍摄要求。

学习活动

活动 1

自主学习实验室管理规范（见学习项目 2 阅读材料），观看颜色表现测量演示视频，找出不当行为并说明原因。

阅读材料：测量数据记录表（模板）

测量数据记录表（模板）如表 4-7 所示。

表 4-7　测量数据记录表（模板）

测试项目	测试条件	测试标准	测试结果

（续表）

测试项目	测试条件	测试标准	测试结果

活动 2

根据提供测试任务书，拍摄 3～5 张符合要求的测试图。

D65 光源两种照度拍摄的效果及 A 光源两种照度拍摄的效果示例分别如图 4-10、图 4-11 所示。

（a）800 lx　　（b）25 lx

图 4-10　D65 光源拍摄示例

（a）800 lx

（b）25 lx

图 4-11　A 光源拍摄示例

阅读材料 1：颜色表现测量标准样本采集

（1）拍摄要求

① 调节参数：800 lx（D65）、100 lx（D65）、25 lx（D65）。

② 照度均匀性：95%。

③ 拍摄距离：测试卡充满摄像头取景器。

④ 三脚架、云台保持水平，图像样本成像全屏成像（16∶9 或 4∶3），测试卡中心与摄像头光学中心垂直于卡面，拍摄图片尽量无畸变。

（2）图像样本获取步骤

① 设定辅助拍摄装置条件，具体步骤如下。

（i）检查导轨是否连接完好：将三脚架放置于导轨上，移动三脚架，保证导轨的平滑性，运行平稳。

（ii）安装云台。

（iii）安装固定拍摄设备附件，确保设备稳定不晃动，并可左右前后平滑运动。

（iv）调水平：调整三脚架脚管，使气泡居中，保证三脚架处于水平状态；调整云台 3 个轴方向，保证云台初始状态水平；调整左右微调标尺在云台上居中。

② 调整光源照度：使用“5 点”均匀性评估法。

③ 调整拍摄状态，具体步骤如下。

（i）安装测试卡：将测试卡放在灯箱前，拍摄需要在暗室中进行，不能有漏光或杂光进入。

（ii）移动调节拍摄设备，使拍摄设备与测试卡平行，摄像头垂直于测试卡中心。

④ 标定光源照度条件，测量照亮均匀性。

⑤ 获取图像样本：让相机重置为自动曝光、自动白平衡和自动对焦，关闭图像处理功能，然后取景。

阅读材料 2：颜色表现测量样本图像拍摄要求

（1）拍摄流程

① 用超细纤维布清洁镜头。

② 将待测设备安装在三脚架或者设备夹持器件上，调整垂直视场，使图表的垂直高度占图像框的垂直视场的 1/3。

③ 待测相机安放在一个导轨或可移动的小车上，便于操作者调节相机到测试卡的距离。

④ 待测相机与测试卡的方向保持一致，即将设备放置在水平模式。

⑤ 待测相机的光轴中心垂直测试卡的中心，以便测试卡能出现在相机屏幕的中心。

（2）取景

① 调节拍摄距离，使测试卡占图像大约 50%～70% 的视场，测试卡背景必须是 18% 的中性灰。

② 除了拍摄目标，其他元素不应该出现在取景面上。

③ 尽量避免点、行、列的裁切。

（3）拍摄

① 在相机和测试卡之间放置一个障碍物，在触发重新聚焦取景前，将其拿走。在拍照时禁止触碰屏幕，如果意外触碰到了屏幕，应该重启相机程序，然后重新拍摄。

② 记录拍摄距离。

③ 按下快门按钮触发曝光。重复收集 3 张样本图像。

（4）后处理

为了避免失焦或者潜在的相机抖动，从样本图像中选择最佳的样本图像用于分析。

① 用数据线把图像传到计算机；

② 如果同时采集到 HDR 和非 HDR 模式的图像，则使用未经 HDR 处理的图像并删除其他的图像；

③ 按照“色温 + 亮度 + 待测相机编号”格式重命名样本图像。

活动 3

根据活动 2 拍摄测试图，依据评价标准测试图质量指标规范，主观评价拍摄质量。

任务 2：颜色表现参数的测量及分析

通过对本任务的学习，能够获得的目标能力如表 4-8 所示。

表 4-8　任务目标

职业技能	学习目标	学习方式
测量样本图像导出	• 能够完成标准样本图像的抓取与存储 • 能够正确传输标准样本图像数据	自主学习
读取样本图像数据	• 能够使用图像浏览工具核验样本图像 • 能够完成样本图像变形的视觉判别	实训学习
图像分析工具参数设置	• 能够使用图像质量分析软件输色差、饱和度等级、白平衡误差等参数图表	实训学习
	• 能够提出色差数据 • 能够提出白平衡数据 • 能够提出饱和度等级数据	自主学习
相机颜色表现参数计算	• 能够从样本图像中提取颜色值并计算色差、饱和度等级参数 • 能够从样本图像中提取颜色值并计算白平衡误差参数	课堂或自主学习
	• 能够依据色差、饱和度等级、白平衡误差参数评价图像质量 • 能够与客户沟通提交的检测报告报表	课堂或自主学习

知识点 1：样本图像导出

学习目标

能够理解使用数据线传输样本图像的原因。

学习活动

描述使用数据线传输样本图像的原因，并对比分析微信传输的图片与数据线导出图片的差别。

知识点 2：读取样本图像数据

学习目标

能够认识到获取样本图像颜色数据准确性、可重复性的意义。

能够运用图像质量分析软件，读取样本图像数据。

学习活动

活动 1

自主学习阅读材料内容，观看颜色分析演示视频，根据拍摄样本图像，获取样本图像 RGB 颜色数据。

阅读材料：imatest 颜色表现分析

（1）打开 imatest 软件，运行界面如图 4-12 所示。

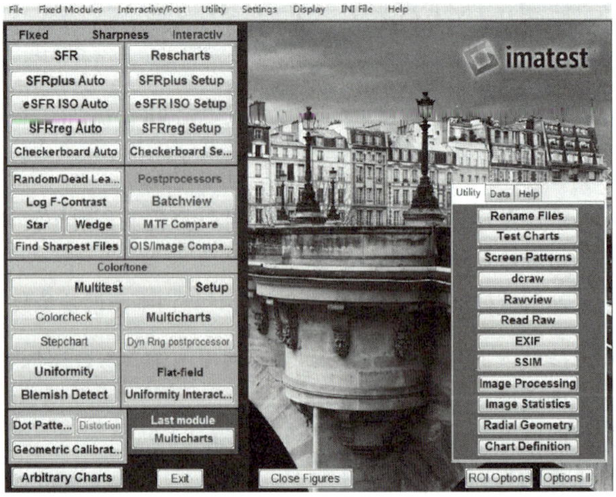

图 4-12　imatest 运行界面

（2）点击 imatest 主窗口左侧的“Colorcheck”按钮，弹出选择样本图像存储路径的窗口，如图 4-13 所示。浏览到样本图像的存储路径，选择拍摄的样本图像，点击“打开”按钮。

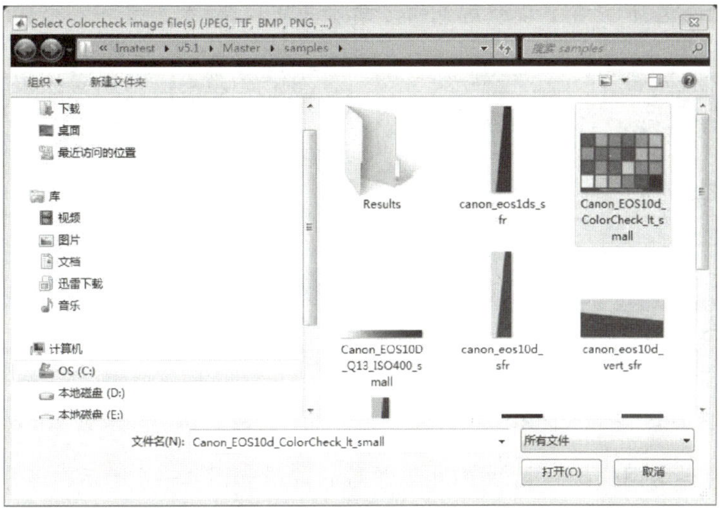

图 4-13　选择样本图像

（3）打开样本图像后，如图 4-14 所示。图中显示了拍摄样本图像的像素数，可以检验图像样本是否符合，检测要求中所需的图像尺寸。点击“Select entire image”按钮，选中整个图像，弹出如图 4-15 所示的窗口。

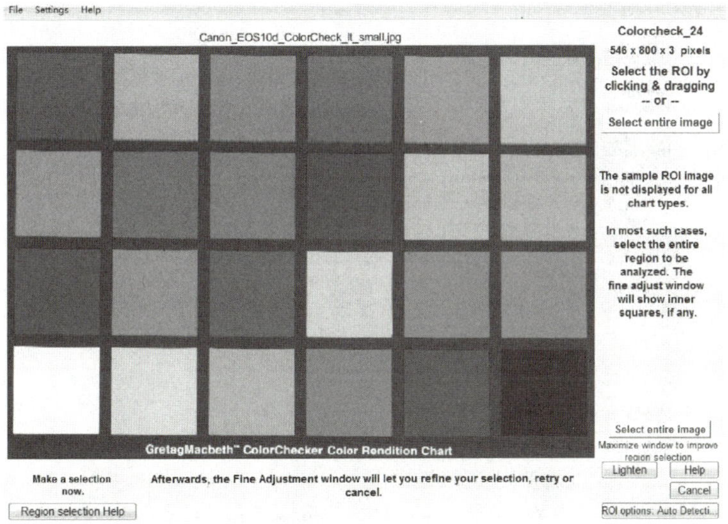

图 4-14　打开样本图像

（4）在图 4-15 所示的窗口中，可以相对精细调整色块选区的位置。拍摄的样本图像可能存在一定的变形，每个色块的选区应尽可能相对色块居中，可以通过 ROI 精细调整的方向箭头实现选区上、下、左、右位置的调整，也可以通过左上、右上、左下、右下 4 个角点的方向箭头实现微调。

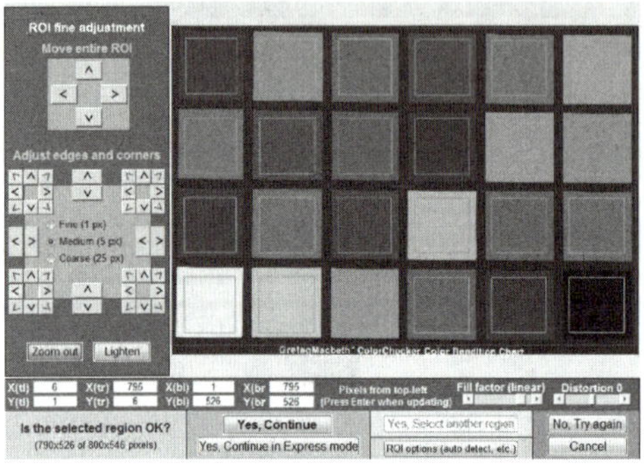

图 4-15　精细调整 ROI

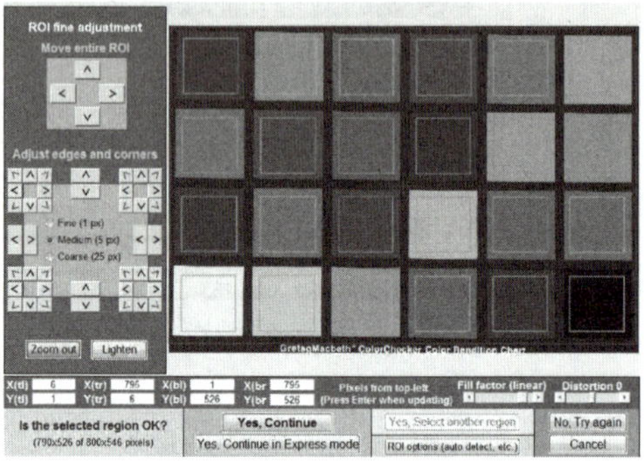

图 4-16　精细调整 ROI 效果

本例的样本图像经过精细 ROI 调整后的效果如图 4-16 所示，其中步长精度为 5 px，选区大小控制的因子为 1。完成调整后，点击“Yes，Continue”按钮，打开输出结果设置。

（5）图 4-17 为输出分析结果所需要的参数，按照图示依次设定 Colorchecker 参考值选项、颜色空间选项、像素噪点显示、色差公式、输出结果的图表等。设置完毕后点击“OK”按钮即可得到分析结果。

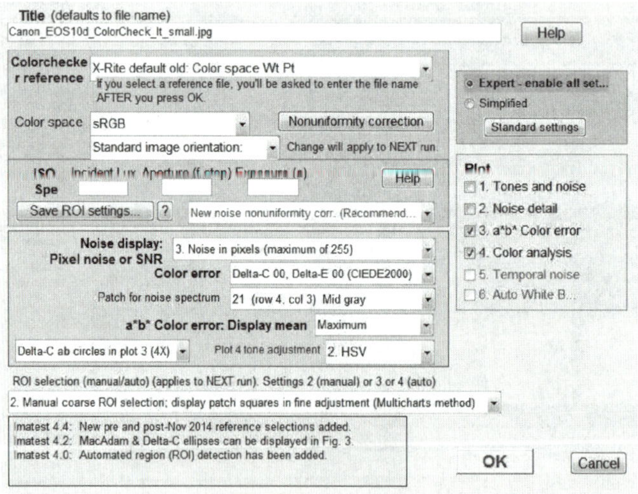

图 4-17　输出结果参数设置

活动 2

自主学习阅读材料内容，根据活动 1 的结果将样本图像 RGB 数据换算为 CIELab 数据。

阅读材料：图像颜色模式（CIELab、HSB、sRGB、P3）

（1）CIELab

如图 4-18 所示为 CIELab 的图像颜色模式，其中：

L^* 为黑－白轴，表示明度；

a^* 为红－绿轴；$+a^*$ 为正值，红占优；$-a^*$ 为负值，绿占优；

b^* 为黄－蓝轴；$+b^*$ 为正值，黄占优；$-b^*$ 为负值，蓝占优。

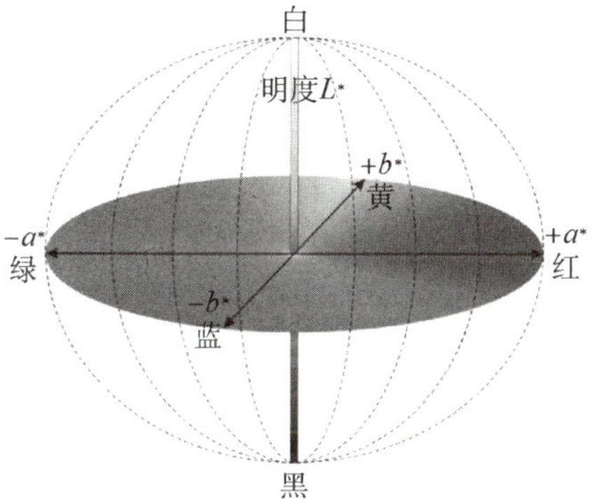

图 4-18　CIELab

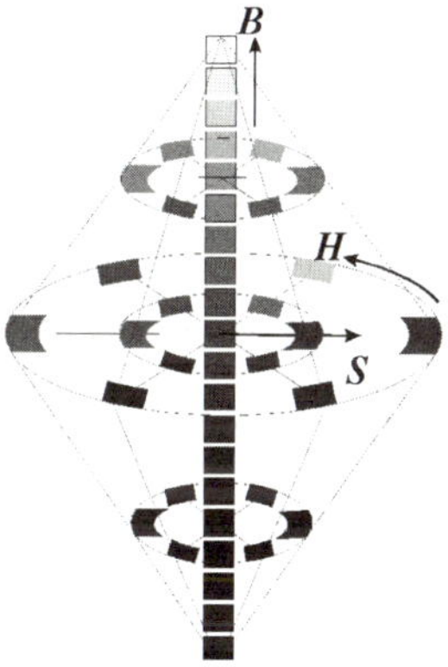

图 4-19　HSB

（2）HSB

HSB 又称 HSV，表示一种颜色模式，如图 4-19 所示。HSB 模式对应的媒介是人眼。

色相（H, Hue）：在 0～360° 的标准色轮上，色相是按位置度量的。在通常的使用中，色相是由颜色名称标识的，比如红色、绿色或橙色。黑色和白色无色相。

饱和度（S, Saturation）：表示色彩的纯度，白色、黑色和其他灰色色彩饱和度为 0。在最大饱和度时，每一色相具有最纯的色光。其取值范围为 0～100%。

亮度（B, Brightness 或 V, Value）：是色彩的明亮度。黑色的亮度为 0。最大亮度是色彩最鲜明的状态。其取值范围为 0～100%。

（3）sRGB

色域：又称为色彩空间，它代表了一个色彩影像所能表现的色彩具体情况。常用的色彩空间主要有 RGB、CMYK、Lab 等，而 RGB 色彩空间又有 AdobeRGB、AppleRGB、sRGB 等，这些 RGB 色彩空间大多与显示设备、输入设备（数码相机、扫描仪）相关联。

sRGB 是由惠普与微软公司于 1997 年共同开发的，其中“s”可解释为“标准”。由于 sRGB 标准定制较早，而且当时的 CRT 显示器对于颜色的还原较差，sRGB 色彩空间大概只有标准的 CIE 1931 XYZ 色彩空间的 1/3，sRGB 对于绿色部分色域覆盖非常少，对花草森林等场景的色彩表现力不足。sRGB 最主要的缺点是色域十分有限。

（4）P3

DCI-P3 是一种应用于数字影院的色域。它是一种以人类视觉体验为主导的色域标准，尽可能匹配电影场景中能展现的全部色域。DCI-P3 的色域比 sRGB 的色域大 25%。

Display P3：采用了 DCI P3 三原色的定义，选择 D65 作为参考白点，并保持与 sRGB 相同的 *Gamma* 曲线，标准 *Gamma* 值设定为 2.2（DCI P3 的 *Gamma* 值为 2.6），这两项都是与 sRGB 相同的，其目的就是为了适应 sRGB 图像的显示。DCI-P3 规定的标准白色比 Display P3 的标准白色偏黄一些，而且 Display P3 由于具有更低的 *Gamma* 值，所以整体画面风格会更亮一些。

知识点 3：颜色转换

学习目标

能够理解 sRGB、P3 标准颜色空间。

能够运用 sRGB、P3 标准颜色空间和色彩管理原理，将 RGB 数据转换为 CIE XYZ 数据。

能够结合测试卡白点，将 CIE XYZ 转换为 CIELab。

学习活动

活动 1

描述 SRGB、P3 标准颜色空间的用途。

活动 2

自主学习阅读材料内容，了解颜色转换方法。根据获取的图像样本数据，使用 sRGB、P3 的颜色转换矩阵，完成 RGB 到 CIE XYZ 的颜色转换。

阅读材料 1：RGB 数据转换为 CIE XYZ 数据

（1）线性转换

若$\frac{R}{255}>0.04045$，

则

$$X=\frac{\frac{R}{255}+0.055}{1.055^{2.4}}$$

否则

$$X=\frac{\frac{R}{255}}{12.92}$$

同理可得 Y、Z 对应于 G、B 的转换公式。

令$\frac{R}{255}=R'$，$\frac{G}{255}=G'$，$\frac{B}{255}=B'$，可便于转换计算。

具体示例如表 4-9 所示。

表 4-9　线性转换

输入实际测得 RGB				计算结果		
序号	R	G	B	R'	G'	B'
1	156	108	98	0.612	0.424	0.384
2	241	199	187	0.945	0.78	0.733
3	128	175	219	0.502	0.686	0.859
4	117	139	74	0.459	0.545	0.29
5	186	184	234	0.729	0.722	0.918
6	154	241	233	0.604	0.945	0.914
7	255	166	62	1	0.651	0.243
8	103	149	237	0.404	0.584	0.929

（续表）

输入实际测得 RGB				计算结果		
序号	*R*	*G*	*B*	*R′*	*G′*	*B′*
9	255	119	148	1	0.467	0.58
10	136	74	149	0.533	0.29	0.584
11	211	232	41	0.827	0.91	0.161
12	255	208	40	1	0.816	0.157
13	42	102	216	0.165	0.4	0.847
14	96	196	100	0.376	0.769	0.392
15	247	76	92	0.969	0.298	0.361
16	255	237	7	1	0.929	0.027
17	252	137	214	0.988	0.537	0.839
18	32	202	235	0.125	0.792	0.922
19	254	254	254	0.996	0.996	0.996
20	249	250	254	0.976	0.98	0.996
21	216	217	221	0.847	0.851	0.867
22	167	167	175	0.655	0.655	0.686
23	108	112	121	0.424	0.439	0.475
24	49	52	61	0.192	0.204	0.239

（2）矩阵转换

$$\begin{bmatrix}X\\Y\\Z\end{bmatrix}=\begin{bmatrix}0.433\,953 & 0.376\,219 & 0.189\,828\\0.212\,671 & 0.715\,160 & 0.072\,169\\0.017\,758 & 0.109\,477 & 0.872\,765\end{bmatrix}\begin{bmatrix}R'\\G'\\B'\end{bmatrix}$$

$$\begin{bmatrix}R'\\G'\\B'\end{bmatrix}=\begin{bmatrix}3.079\,932\,7 & -1.537\,150 & -0.542\,782\\0.921\,235 & 1.875\,992 & -0.542\,782\\0.052\,890\,9 & -0.204\,043 & 1.151\,151\,5\end{bmatrix}\begin{bmatrix}X\\Y\\Z\end{bmatrix}$$

具体示例如表 4-10 所示。

表 4-10 矩阵转换

序号	*R′*	*G′*	*B′*	转换矩阵			*X*	*Y*	*Z*
1	0.332	0.15	0.122	0.433 953	0.376 219	0.189 828	22.387	18.676	12.892
2	0.88	0.571	0.497	0.212 671	0.715 16	0.072 169	69.091	63.138	51.185
3	0.216	0.429	0.708	0.017 758	0.109 477	0.872 765	38.942	40.361	66.901
4	0.178	0.258	0.068				18.733	22.742	9.118 9
5	0.491	0.479	0.823				54.96	50.66	77.929
6	0.323	0.88	0.815				62.584	75.66	81.321
7	1	0.381	0.048				58.656	48.886	10.155
8	0.136	0.301	0.847				33.269	30.49	77.443
9	1	0.184	0.296				55.957	36.597	29.641
10	0.246	0.068	0.301				18.965	12.302	27.417
11	0.651	0.807	0.022				59.048	71.724	11.926
12	1	0.631	0.021				67.528	66.529	10.533
13	0.023	0.133	0.687				19.039	14.95	61.427
14	0.117	0.552	0.127				28.263	42.885	17.373
15	0.93	0.072	0.107				45.113	25.722	11.784
16	1	0.847	0.002				75.297	81.847	11.233
17	0.973	0.25	0.672				64.419	43.446	63.156
18	0.014	0.591	0.831				38.617	48.541	78.998
19	0.991	0.991	0.991				99.11	99.11	99.11
20	0.947	0.956	0.991				95.888	95.667	98.648
21	0.687	0.694	0.723				69.629	69.445	71.921
22	0.386	0.386	0.429				39.445	38.948	42.331
23	0.15	0.162	0.191				16.233	16.157	18.728
24	0.031	0.034	0.047				3.510 6	3.445 8	4.503 2

阅读材料 2：CIE XYZ 到 CIELab 的转换

Lab 空间的 L 代表亮度，a 和 b 为颜色对立维度。注意，此 Lab 空间一般指 CIE 1976（L^*, a^*, b^*）色彩空间，而非 Hunter 1948 L, a, b 色彩空间。因此 Lab 空间的坐标其实是 L^*, a^* 和 b^*。

对两个色彩进行比较时，一般放到 Lab 空间中求解欧式距离，并将该距离称为 ΔE。计算公式为

$$\Delta E=\sqrt{(L_1-L_2)^2+(a_1-a_2)^2+(b_1-b_2)^2}$$

若不考虑 L 的部分，只考虑 ΔE 在 ab 平面的投影，即

$$\Delta E=\sqrt{(a_1-a_2)^2+(b_1-b_2)^2}$$

同时，从 CIE XYZ 空间到 CIELab 空间的转换公式为

$$\begin{cases} L=116f\left(\dfrac{Y}{Y_n}\right)-16 \\ a=500\left[f\left(\dfrac{X}{X_n}\right)-f\left(\dfrac{Y}{Y_n}\right)\right] \\ b=200\left[f\left(\dfrac{Y}{Y_n}\right)-f\left(\dfrac{Z}{Z_n}\right)\right] \end{cases}$$

其中

$$f(t)=\begin{cases} t^{\frac{1}{3}}, & t>\left(\dfrac{6}{29}\right)^3, \\ \dfrac{1}{3}\times\left(\dfrac{29}{6}\right)^2 t+\dfrac{16}{166}, & \text{其他} \end{cases}$$

且 X_n、Y_n、Z_n 为参考白点的 CIE XYZ 三刺激值。

之所以将 $f(t)$ 分为两个部分是为了避免在 $t=0$ 处出现无限斜率。

D50、D65 光源条件下，参考白点的 CIE XYZ 三刺激值如表 4-11 所示。

表 4-11 不同光源下的三刺激值

光源 \ 三刺激值	X_n	Y_n	Z_n
D50	96.42	100	82.49
D65	95.047	100	108.883

以表 4-10 中的 X、Y、Z 数据为原始数据，计算 CIE XYZ 空间数据，并转换为 CIELab 空间数据，计算结果如表 4-12 所示。

表 4-12 CIE XYZ 转为 CIELab

x	y	z	L	a	b
0.236	0.187	0.118	50.306	22.982	16.113
0.727	0.631	0.47	83.515	20.628	16.068
0.41	0.404	0.614	69.726	1.853 8	−22.22
0.197	0.227	0.084	54.805	−14.22	34.574
0.578	0.507	0.716	76.472	17.967	−19.46
0.658	0.757	0.747	89.701	−20.62	0.785 3
0.617	0.489	0.093	75.38	31.811	66.854
0.35	0.305	0.711	62.075	15.845	−43.92
0.589	0.366	0.272	66.974	61.414	13.437
0.2	0.123	0.252	41.693	43.501	−26.82
0.621	0.717	0.11	87.835	−20.93	83.334
0.71	0.665	0.097	85.266	9.664 8	82.785
0.2	0.15	0.564	45.566	27.181	−59.11
0.297	0.429	0.16	71.477	−43.32	42.345
0.475	0.257	0.108	57.772	72.041	31.884
0.792	0.818	0.103	92.507	−5.058	93.282
0.678	0.434	0.58	71.856	60.509	−15.32
0.406	0.485	0.726	75.165	−22.63	−22.53
1.043	0.991	0.91	99.655	8.513 1	5.577 2
1.009	0.957	0.906	98.3	8.799 9	3.542 3
0.733	0.694	0.661	86.724	7.959 4	2.931 1
0.415	0.389	0.389	68.714	7.809 4	0.087 7
0.171	0.162	0.172	47.18	5.085	−2.295
0.037	0.034	0.041	21.748	3.809	−4.083

其中 $x=\dfrac{X}{X_n}$，$y=\dfrac{Y}{Y_n}$，$z=\dfrac{Z}{Z_n}$。X_n、Y_n、Z_n 的值取表 4-11 中 D65 光源下的参考值。

知识点 4：色差、饱和度、白平衡误差计算

学习目标

能够理解色差的概念。

能够理解饱和度等级的概念。

能够理解白平衡的概念。

能够掌握白平衡误差计算方法。

学习活动

活动 1

自主学习阅读材料内容，根据图 4-20 和素材库中色块差异示例图，描述两个色块的差异。

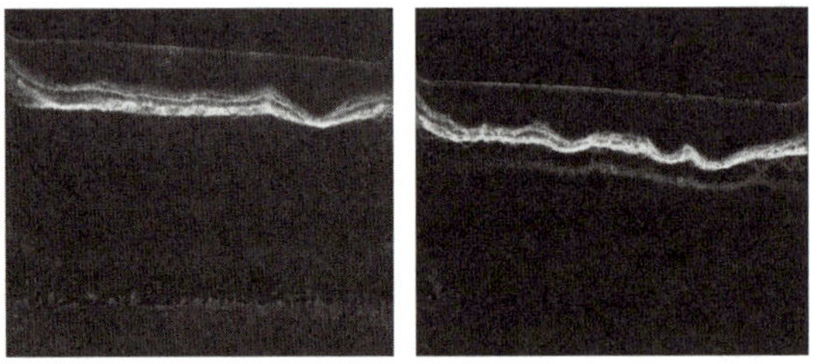

（a）（b）

图 4-20 色块

阅读材料：色差

$\Delta E=1$ 时称为 1 个 NBS。一个 NBS 单位约相当于视觉色差识别阈值（颜色宽容度）的 5 倍。色差单位数值与人眼的感觉程度之间的关系如表 4-13 所示。

表 4-13 NBS 与对应人眼感觉

ΔE（NBS 色差单位）	人眼的感觉程度
小于 0.2	不可见（颜色宽容度）
0.2～1.0	刚可察觉
1.0～3.0	感觉较明显
3.0～6.0	感觉明显
大于 6.0	感觉强烈

根据表 4-13 的 CIELab 空间数据与标准数值对比求得的色差结果如表 4-14 所示。

表 4-14　计算数据

CIELab 空间数据			标准数值			色差计算结果	imatest 结果
L	*a*	*b*	*L′*	*a′*	*b′*	Δ*E*	
50.306	22.982	16.113	37.986	13.555	14.059	15.649	13.5
83.515	20.628	16.068	65.711	18.13	17.81	18.063	21.05
69.726	1.853 8	−22.22	49.927	−4.88	−21.925	20.915	20.14
54.805	−14.22	34.574	43.139	−13.095	21.905	17.259	15.8
76.472	17.967	−19.46	55.112	8.844	−25.399	23.973	20.85
89.701	−20.62	0.785 3	70.719	−33.397	−0.199	22.903	18.55
75.38	31.811	66.854	62.661	36.067	57.096	16.586	17.19
62.075	15.845	−43.92	40.02	10.41	−45.964	22.807	22.04
66.974	61.414	13.437	51.124	48.239	16.248	20.801	18.6
41.693	43.501	−26.82	30.325	22.976	−21.587	24.04	20.19
87.835	−20.93	83.334	72.532	−23.709	57.255	30.365	26.46
85.266	9.664 8	82.785	71.941	19.363	67.857	22.236	22.7
45.566	27.181	−59.11	28.778	14.179	−50.297	22.99	22.43
71.477	−43.32	42.345	55.261	−38.342	31.37	20.205	19.8
57.772	72.041	31.884	42.101	53.378	28.19	24.648	21.52
92.507	−5.058	93.282	81.733	4.039	79.819	19.496	18.27
71.856	60.509	−15.32	51.935	49.986	−14.574	22.542	21.93
75.165	−22.63	−22.53	51.038	−28.631	−28.638	25.602	25.88
99.655	8.513 1	5.577 2	96.539	−0.425	1.186	10.435	5.51
98.3	8.799 9	3.542 3	81.257	−0.638	−0.335	19.863	16.96
86.724	7.959 4	2.931 1	66.766	−0.734	−0.504	22.038	19.73
68.714	7.809 4	0.087 7	50.867	−0.153	−0.27	19.545	18.03
47.18	5.085	−2.295	35.656	−0.421	−1.231	12.816	12.7
21.748	3.809	−4.083	20.461	−0.079	−0.973	5.1423	5.67
/						20.038	18.562 5

注：已知 $\Delta E=\sqrt{(L-L')^2+(a-a')^2+(b-b')^2}$。

活动 2

根据图 4-21 和素材库中饱和度差异示例图，描述两个色块的饱和度的差异。

（a）　　（b）

图 4-21　色块饱和度对比

阅读材料：饱和度等级的计算

已知饱和度 $=\sum_{i=1}\sqrt{\dfrac{a_i^2+b_i^2}{a'^2_i+b'^2_i}}\times 100\%$，以表 4-15 的数据为例计算饱和度等级。

表 4-15　CIELab 空间的计算数据与标准数值

计算数据			标准数值		
L	***a***	***b***	***L′***	***a′***	***b′***
50.306	22.982	16.113	37.986	13.555	14.059
83.515	20.628	16.068	65.711	18.13	17.81
69.726	1.853 8	−22.22	49.927	−4.88	−21.925
54.805	−14.22	34.574	43.139	−13.095	21.905
76.472	17.967	−19.46	55.112	8.844	−25.399
89.701	−20.62	0.785 3	70.719	−33.397	−0.199
75.38	31.811	66.854	62.661	36.067	57.096
62.075	15.845	−43.92	40.02	10.41	−45.964
66.974	61.414	13.437	51.124	48.239	16.248
41.693	43.501	−26.82	30.325	22.976	−21.587
87.835	−20.93	83.334	72.532	−23.709	57.255
85.266	9.664 8	82.785	71.941	19.363	67.857

（续表）

计算数据			标准数值		
L	*a*	*b*	*L′*	*a′*	*b′*
45.566	27.181	−59.11	28.778	14.179	−50.297
71.477	−43.32	42.345	55.261	−38.342	31.37
57.772	72.041	31.884	42.101	53.378	28.19
92.507	−5.058	93.282	81.733	4.039	79.819
71.856	60.509	−15.32	51.935	49.986	−14.574
75.165	−22.63	−22.53	51.038	−28.631	−28.638
99.655	8.513 1	5.577 2	96.539	−0.425	1.186
98.3	8.799 9	3.542 3	81.257	−0.638	−0.335
86.724	7.959 4	2.931 1	66.766	−0.734	−0.504
68.714	7.809 4	0.087 7	50.867	−0.153	−0.27
47.18	5.085	−2.295	35.656	−0.421	−1.231
21.748	3.809	−4.083	20.461	−0.079	−0.973
	12.525	11.58		6.444 25	7.537 46

根据表 4-15 的数据计算可得饱和度为 171.984 654 7，利用 imatest 软件的计算结果为 115.3。

活动 3

理解白平衡的定义，使用手机进行不同的白平衡设置，拍摄同一场景中的测试卡，比较白色块的颜色差异。

阅读材料：白平衡的定义

所谓白平衡，就是在不同的光线条件下，调整红、绿、蓝三原色的比例，使其混合后成为白色。白平衡是描述显示器中红、绿、蓝三原色混合后生成白色精确度的一项指标。白平衡是电视摄像领域一个非常重要的概念，通过它可以解决色彩还原和色调处理的一系列问题。许多人在使用数码相机拍摄的时候都会遇到这样的问题：在日光灯的房间里拍摄的影像会显得发绿，在室内钨丝灯光下拍摄出来的景物就会偏黄，而在日光阴影处拍摄到的照片则莫名其妙地偏蓝，其原因就在于未对白平衡进行设置。从原理上讲，灰卡可以用来校正或者评价白平衡效果，如柯达公司标准的灰卡等。

数码相机不依靠换用滤色片来调整色温，而是利用电路改变不同色光所产生的电信号增益的方法来实现。

数码相机白平衡的调整通常有 3 种模式：自动白平衡；分挡设定白平衡；精确设定白平衡（手动设定模式）。不同的相机设有不同调节白平衡的方式。一般的普及型的数码相机大都采用自动白平衡。准专业数码相机大都设有自动和分挡设定白平衡。专业的数码相机则包含以上 3 种模式。可根据使用者的不同需要选用。

自动白平衡调整是微单相机中调节照片色温的一种自动功能，是针对通用光源的最佳化设置方案。相机可根据镜头和白平衡感测器的光线情况，自动探测出被摄物体的色温值判断拍摄条件，并选择最接近的色调设置，由色温校正电路加以校正，然后白平衡自动控制电路自动将白平衡调到合适位置，在拍摄照片时使用自动白平衡，可使照片通透清爽和景物色彩还原，更接近现场的视觉感受。

精确设定白平衡（手动设定模式）是在拍摄现场光的条件下，用白纸或白色物体调试充满镜头视域后再进行白平衡调节，这是最准确的白平衡调节方式。

白平衡的功能给摄影带来了许多的便利和意想不到的效果。如摄影棚摄影对灯光的色温要求不高，在白炽灯下依然可拍出准确的色彩。摄影师可以在较高色温条件下设定白平衡，然后在较低色温情况下拍摄，使画面带上暖色调。反之，可在低色温条件下设定，然后在高色温条件下拍摄，也可产生特别的效果。在分挡设定白平衡时，也可有意地将光源挡与现场光设定得不一致，亦可产生不同的艺术效果。

活动 4

自主学习阅读材料内容，根据获取的样本图像，使用图像质量分析软件，设定正确的参数，输出色差分析图及白平衡误差图。

阅读材料：HSB 饱和度计算

RGB 到 HSV（HSB）的转换：

已知，$R'=R/255$；$G'=G/255$；$B'=B/255$，设 $C_{max}=\max(R', G', B')$，$C_{min}=\min(R', G', B')$，则 $\Delta=C_{max}-C_{min}$。

H 计算：

$$H=\begin{cases}0^\circ, & \Delta=0,\\ 60^\circ\cdot\left(0+\dfrac{G'-B'}{\Delta}\right), & C_{max}=R',\\ 60^\circ\cdot\left(2+\dfrac{B'-R'}{\Delta}\right), & C_{max}=G',\\ 60^\circ\cdot\left(4+\dfrac{R'-G'}{\Delta}\right), & C_{max}=B'\end{cases}$$

S 计算：

$$S=\begin{cases}0, & C_{max}=0,\\ \dfrac{\Delta}{C_{max}}, & C_{max}\neq 0\end{cases}$$

V 计算：

$$V=C_{max}$$

若 $H<0^\circ$，则取值 $H+360^\circ$。

以表 4-9 的 RGB 输入数据（序号 19～24）为原始数据，利用 imatest 计算 HSB（HSV）饱和度误差，计算结果如表 4-16 所示，RGB、HSB（HSV）标准数值及利用 imatest 计算结果如表 4-17 所示。

表 4-16　HSB（HSV）饱和度误差

RGB 数据序号（表 4-9）	RGB 转换 HSV					imatest 计算结果
	Δ	H	H（$H<0$）	S	V	
19	0	0	0	0	0.996	−0.004
20	0.019 6	228	228	0.02	0.996	0.019 7
21	0.019 6	228	228	0.023	0.867	0.022 6
22	0.031 4	240	240	0.046	0.686	0.037 5
23	0.051	221.538	221.54	0.107	0.475	0.107 4
24	0.047 1	225	225	0.197	0.239	0.196 7

表 4-17　标准数值及 imatest 计算结果

RGB 数据序号	标准数值								imatest 计算结果
	R	G	B	Δ	H	H（$H<0$）	S	V	
19	243	243	242	1	60	60	0.004 1	0.953	0
20	200	200	200	0	0	0	0	0.784	0.019
21	160	160	160	0	0	0	0	0.627	0.021
22	122	122	121	1	60	60	0.008 2	0.478	0.047
23	85	85	85	0	0	0	0	0.333	0.099
24	52	52	52	0	0	0	0	0.204	0.211

知识点 5：颜色表现参数的测量及分析

学习目标

能够依据行业标准评价色差表现、饱和度等级及白平衡误差表现。

能够根据颜色表现测量规格书的要求，完成手机的颜色表现测量报告。

学习活动

活动 1

针对待测设备的测量结果，依据行业标准，设计颜色表现测试报告，填写测试数据，并与行业标准规定的数值对比，给出评价结论。

活动 2

依据所给的测试规格书，分组，选择一款手机完成颜色表现的测量，完成并提交素材库中的颜色表现测试实训报告。

阅读材料：测试规格书

测试规格书样例如表 4-18 所示。

表 4-18 测试规格书

测试项目	测试条件	测试标准	测试结果
颜色精度	色温：2 800 K 照度：800 lx	$\Delta C_{min} < 8$；$\Delta C_{max} < 20$	
		$\Delta E_{min} < 15$；$\Delta E_{max} < 30$	
		$100 < S < 120$	
	色温：4 000 K 照度：800 lx	$\Delta C_{min} < 8$；$\Delta C_{max} < 20$	
		$\Delta E_{min} < 13$；$\Delta E_{max} < 25$	
		$100 < S < 120$	
	色温：6 500 K 照度：800 lx	$\Delta C_{min} < 8$；$\Delta C_{max} < 20$	
		$\Delta E_{min} < 13$；$\Delta E_{max} < 25$	
		$100 < S < 120$	
AWB 准确性	色温：2 800 K 照度：800 lx	$S < 1.0$	
		$S < 1.0$	
	色温：4 000 K 照度：800 lx	$S < 1.0$	
		$S < 1.0$	
	色温：2 800 K 照度：800 lx	$S < 1.0$	
		$S < 1.0$	

4.4 检查与评价

学习目标

在教师的指导下，能够对任务结果进行合理、正确的评价。

学习活动

活动名称：学习检查与评价。

活动目标：能够正确使用学习检查评价表，完成学习质量的评价。

活动时间：建议时长 10～15 min。

活动方法：自我评价 + 小组评价 + 教师评价。

活动内容：根据学习过程数据记录，进行自我评价、小组评价和教师评价。

活动工具：学习检查与评价表（表 4-19）。

活动评价：提交评价结果与教师反馈意见。

表 4-19　学习检查与评价

<table>
<tr><td>小组</td><td colspan="2"></td><td>课程名称</td><td></td><td>学习者</td><td></td></tr>
<tr><td colspan="7">学习任务与评价（满分 100 分）</td></tr>
<tr><td>项目任务</td><td colspan="3">考核指标（打“√”）</td><td>自我评分</td><td>组长评分</td><td>教师评分</td></tr>
<tr><td>资讯阶段（15 分）</td><td colspan="3">查找与项目有关的资料 □
主动咨询 □
认真学习项目有关的知识技能 □
团队积极研讨 □
团队合作 □</td><td></td><td></td><td></td></tr>
<tr><td rowspan="2">计划与决策阶段（15 分）</td><td colspan="3">完成计划方案（10 分）
计划内容翔实、可执行 □
思路清晰 □
团队合作 □</td><td></td><td></td><td></td></tr>
<tr><td colspan="3">分析计划方案可行性（5 分）
计划方案合理 □
任务清晰 □
时间安排合理 □</td><td></td><td></td><td></td></tr>
<tr><td rowspan="2">实施过程（50 分）按照重要和难易程度配分</td><td rowspan="2">专业技能评价</td><td colspan="2">标准样本图像的获取（30 分） □</td><td></td><td></td><td></td></tr>
<tr><td colspan="2">颜色表现参数的测量及分析（20 分） □</td><td></td><td></td><td></td></tr>
</table>

（续表）

方法与能力（10 分）	分析解决问题能力 □ 组织能力 □ 沟通能力 □ 统筹能力 □ 团队协作能力 □			
素质能力（10 分）	学习态度 □ 责任心 □ 质量意识 □			
教师评价： 教师签名： 评价时间：				

4.5 反馈与总结

学习目标

能够在教师的指导下对任务结果进行合理、正确的反馈与总结。

学习活动

活动名称：学习反思与总结。

活动目标：能够在教师和小组长的带领下，完成 PPT 报告总结和视频总结。

活动时间：建议时长 30 min。

活动方法：自我评价 + 小组代表分享 + 教师评价。

活动内容：小组代表运用 PPT 总结形式完成课堂分享。教师布置课后作业，要求每位学生在组内以 PPT 报告的形式完成学习经验的分享，并将分享过程录制成视频。

视频须在下次课堂开始前提交。

活动工具：PPT 制作学习总结报告。

活动评价：提交反思与总结结果 + 教师反馈意见。

以小组为单位，评选小组最佳作品或成果及最佳学习代表。

4.6 巩固练习

在教师的指导下，完成“基于手机摄像质量颜色表现测量”项目实训任务。整理实训成果或总结，提交给教师审阅并听取导师的反馈意见。如遇到疑问或挑战，及时咨询。

学习项目 5：数字图像清晰度测量

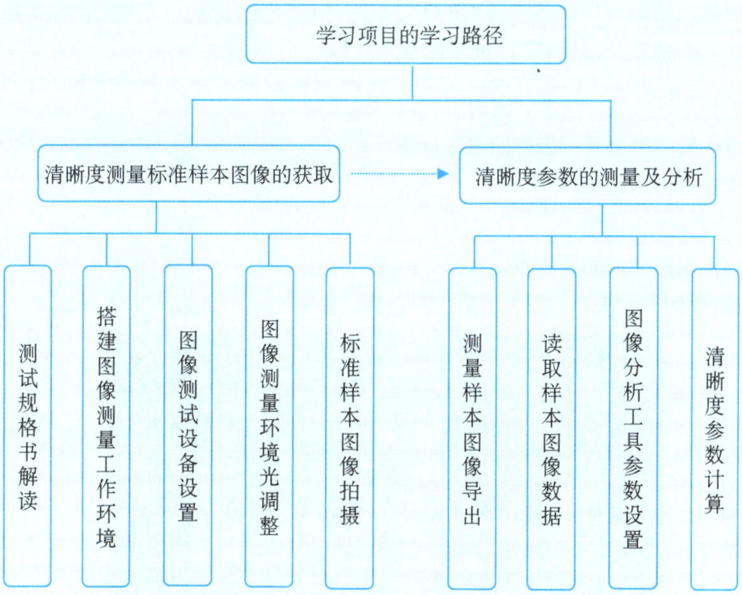

5.1 项目引入

1 学习情景

学习项目 5
视频

本项目的学习情景如表 5-1 所示。

表 5-1 手机相机像质清晰度测量场景

项目主题	手机相机像质质量清晰度测量
项目日期	
工作内容及要求	学习情景： A 公司发布了一款旗舰手机，配置“蔡司镜头 + 后置主摄一亿像素”等性能，备受年轻用户的青睐。 B 公司一直将 A 公司作为对标公司，B 公司想把该款手机作为竞品，于是从市场上采购了一台，并移交至检测部门进行测试。 像质检测部门负责检测该手机拍照的像质表现。请组织团队完成手机相机的清晰度测量。 手机相机像质清晰度的检测参考 CPIQ 发布的 IEEE Std 1858™—2016 标准中第 5 部分—空间频率响应及 ISO 12233 的检测要求执行
学习要求	测量手机拍照性能的清晰度，需要解决以下 4 个问题： （1）评价手机清晰度采用怎样的测量方法？ （2）用哪些指标来评价？ （3）这些指标怎么量化？ （4）如何依据指标值评价清晰度？ CPIQ 推荐使用符合 ISO 12233 标准中斜边测试法的测试卡，如图 5-1 所示。 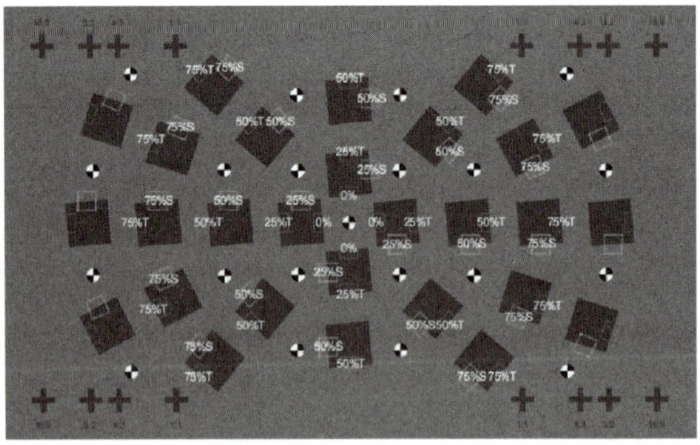 **图 5-1 斜边测试卡**

（续表）

学习要求	ISO 12233：2023 推荐使用 ISO 12233 测试卡，如图 5-2 所示。  图 5-2　ISO 12233 测试卡 测试典型场景包括 D55、TL84 和 A 光源 3 类照明场景，清晰度评价指标：MTF50、MTF50P、过冲、线对等

2 获取资讯

根据学习过程任务的要求，完成手机相机摄像质量清晰度测量的任务，并自主学习知识概念和资讯信息。

知识概念：数字图像清晰与模糊、空间频率响应、阶调传递函数、5° 斜边测量法、MTF50 与 MTF50P 参数等。

资讯信息：图像像素大小与数量与清晰度、清晰度的表示方法与单位、图像清晰度增强方法（锐化图像边缘）。

学习目标

能够正确查询或搜集关键知识清单中的知识概念和资讯信息内容。

能够用自己的语言初步描述知识概念的含义与资讯信息类型。

学习活动

以学习小组为单位，在教师的指导下，通过工作手册阅读、查询网络和查询相关专业书籍，初步理解上述知识概念的内涵，制作并提交信息收集文档。

写出手机相机摄像质量清晰度测量的要求以及对产品所产生的影响。

3 项目目标

通过对本项目的学习，可达成的目标如表 5-2 所示。

表 5-2 项目目标

思政 / 素养目标	阅读国内镜头制作头部企业的成长故事，树立民族自信，培养建设标准化强国意识
	培养团队协作意识、服务意识、沟通能力
	具备能够达成目标值且目标值可重复的工作质量意识
	培养学生树立正确的择业观和职业成长目标
	秉承“依据标准检测、尊重数据、用数据说话”的宗旨
技能目标	能够分析清晰图像与模糊图像的差别
	能够依据 ISO 12233：2023 检测标准设定环境参数
	能够完成样本图像抓取
	能够使用图像质量分析工具完成空间频率参数输出
	能够分析清晰度的表现
知识目标	认识图像清晰与模糊表现的本质
	理解空间频率响应的概念
	理解图像空间频率响应的测量原理
	理解 MTF50、MTF50P 参数的意义
	理解过冲、下冲参数的意义
	理解图像清晰度的评价方法

5.2 计划与决策

1 制订计划

学习目标

能够在教师的指导下制订合理的手机相机摄像质量清晰度测量实施方案。

学习活动

阅读相关材料或咨询相关人员，提出实施方案，梳理主要的工作步骤和可能遇到的挑战，并将其整理出来提交给教师。

2 进行决策

学习目标

在教师或学习组长的指导下，能够筛选并确定手机相机摄像质量清晰度测量的最佳实施方案。

学习活动

根据学习小组的手机相机摄像质量清晰度测量实施方案，说明完善此实施方案的想法。根据教师或小组成员的反馈意见进一步优化实施方案，最终确定清晰度测量的实施方案，并将最终实施方案整理、呈现出来。

5.3 学习任务

结合实施方案，完成以下学习任务。

任务 1：清晰度测量标准样本图像的获取

通过对本任务的学习，能够获得的目标能力如表 5-3 所示。

表 5-3 任务目标

职业技能	学习目标	学习方式
测试规格书解读	• 调查测试设备成像系统配置 • 认领测试规格书，确认测试要求	自主学习
搭建图像测量工作环境	• 能够正确描述数字图像质量检测工作对测量环境的要求 • 能够列举图像清晰度测量所必备的软、硬件	课堂学习或自主学习
	• 能够完成图像清晰度测量所需的工具准备与查验 • 能够规范、安全操作测量仪器及设备	实训学习

（续表）

职业技能	学习目标	学习方式
图像测试设备设置	• 能够表述图像清晰度测量所依据的行业标准要求	自主学习
	• 能够完成图像获取辅助设备的安装及调试 • 能够依据测试标准要求，配置图像清晰度测量测试装置	实训学习
图像测量环境光调整	• 能够依据测试标准要求，配置环境光色温及照度 • 能完成测试卡表面光照均匀性的调整	实训学习
标准样本图像拍摄	• 能够设置或初始化待测相机拍摄参数，减少检测结果的不确定性 • 能够完成取景比例及图像变形的精确纠正 • 能够正确拍摄标准的测试样图	课堂或自主学习

知识点 1：器材准备

学习目标

能够描述完成清晰度测量所需要的器材。

学习活动

自主学习阅读材料内容，通过观看清晰度测量图像样本获取视频，列举搭建手机相机清晰度检测工作环境所需的软、硬件。

阅读材料 1：工作环境搭建规范（表 5-4）

表 5-4　手机相机摄像质量清晰度测量学习任务工作环境搭建规范

测试前准备	测试环境：暗房，中性色背景。 器材及工具：导轨、三脚架、云台、照度计、测距仪、ISO 12233 测试卡 / SFR Plus 测试卡、多色温标准光源、观察台、图像质量分析软件等
标准样图拍摄	要求：待测相机设置为默认状态，拍摄的图像上下边缘要预留“白边”，用于畸变观察与计算，宽度不小于图像高度的 0.5%，不大于图像高度的 25%，理想情况是 1%～6%；拍照时光照均匀，无镜面反射光。推荐用左右 2 个光源，夹角在 25° ～45° 之间。拍摄图像无视觉畸变；Stepchart 在水平方向居中；相机光轴中心垂直于测试卡中心；测试卡的背景应是白色或浅灰色
清晰度参数计算	分析工具：imatest 软件或其他图像质量分析工具，输出 MTF 曲线图以及多个 ROI 数据图等

（续表）

撰写测试报告	提取数据：SFR 测试卡斜边色块垂直边和水平边的值 MTF50、MTF50P；中心值、最大值、最小值、最大值与最小值的差值、平均值；ROI 图中的过冲（Over shoot）、下冲（Under shoot）、过度锐化（Over sharpening）值；3D 图中的中心平均值、part-way 均值、四角均值、权重均值、权重

阅读材料 2：清晰度测试（ISO 12233 测试卡）

清晰度测试规格书示例（ISO 12233 测试卡）如表 5-5 所示。

表 5-5　清晰度测试规格书用例（ISO 12233 测试卡）

项目名称	解析力指标——ISO 12233 测试卡
光照条件	1 500 lx
色温条件	实验室 D65 光源
测试卡	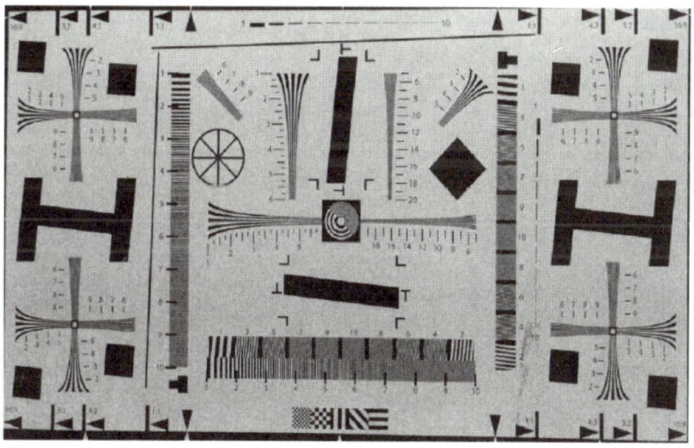 ISO 12233 测试卡
拍摄距离	拍摄 ISO 12233 测试卡 4 : 3 或 16 : 9 部分，测试卡尽可能全充满图像
对焦条件	反复对焦，每对焦清晰一次抓拍一张图，重复 3～5 次，取最清晰的图片分析
测量参数	TV line

阅读材料 3：清晰度测试（SFR Plus 测试卡）

清晰度测试规格书示例（SFR Plus 测试卡）如表 5-6 所示。

姓 名：

班 级：

表 5-6　清晰度测试规格书用例（SFR Plus 测试卡）

项目名称	解析力指标——SFR Plus 测试卡		
光照条件	1 500 lx		
色温条件	实验室 D65 光源		
测试卡	 SFR Plus 测试卡		
拍摄距离	SFR 测试卡尽可能全充满图像，上下对称，左右居中		
对焦条件	反复对焦至最清晰		
测量参数	中心—水平	MTF50P =	
		过冲 / 下冲	
	中心—垂直	MTF50P =	
		过冲 / 下冲	
	上—水平	MTF50P =	
		过冲 / 下冲	
	下—水平	MTF50P =	
		过冲 / 下冲	
	左—垂直	MTF50P =	
		过冲 / 下冲	
	右—垂直	MTF50P =	
		过冲 / 下冲	

知识点 2：测试设备设置

学习目标

能够正确设置测试设备的工作状态。

学习活动

自主学习阅读材料内容，观看清晰度测量图像样本获取视频，找出关键操作要点，并描述其正常工作状态的规范与要求。

阅读材料：清晰度测试卡介绍

各类 ISO 12233 测试卡如表 5-7 所示。

表 5-7　ISO 12233 测试卡

名称	特征	图示
CIPA 分辨率测试卡	又称为双曲线楔子图，包含 4 个垂直方向（90°）、4 个水平方向（0°）和 2 个对角线方向（45°）。它以空间频率变化的线条图和楔形图为主要测试图案，可以通过人眼主观判断，也可以通过分析楔形图的 MTF 曲线进行分析。缺点是在整个取景范围内的分析区域（ROI）不足以覆盖多个位置。其中心区域并不一定靠近中心，并且难以实现自动分析	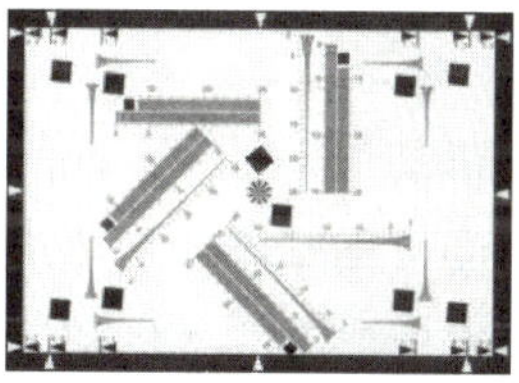
eSFR 测试卡	四周包含 9 个斜边色块，对比度为 4∶1，低于 ISO 12233 测试卡（40∶1），可以避免亮度裁切及非线性问题。这个测试图的特点是以分析 5° 斜边的 MTF 来分析清晰度。其优点是对中心区域或周边区域覆盖比较好，定位明确，支持自动识别定位	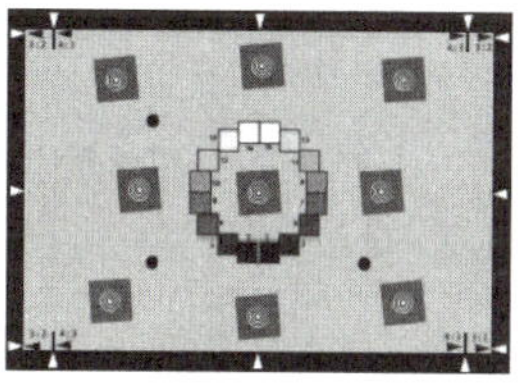
基于 SFR 的正弦测试卡	又称为西门子星标图，包含各个方向的斜边，配置有对位标识，便于自动分析。这个测试图的特点是支持多个方向上的 MTF 分析，对于锐化处理的图像，MTF 数据较为稳定。单星图由于不易取景对准位置，通常只能分析视场的中心区域。对于“中心 + 四角”的视场分析，需要采用多个星状图。 其缺点是放射状的灰白条纹是正弦过渡变化的，制作难度较高，图像反差的变化对于分析结果有一定的影响，在制作时需要具备很好的品控	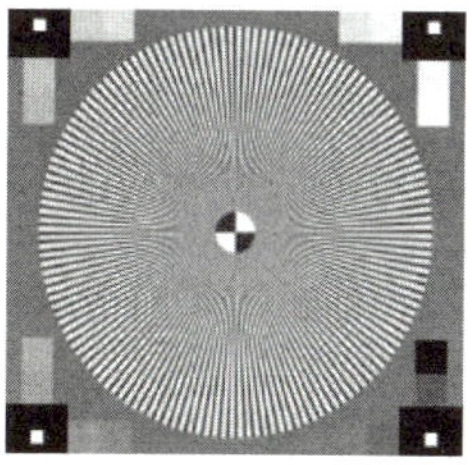

（续表）

ISO 12233 测试卡	常见的有 2 000 线和 4 000 线的版本。其优点是视觉观察比较简单，而且同时包括了楔形图和斜边图。图案只有黑白，没有灰度，制作简单。其缺点是中心区域不在中央，黑白的反差过大，容易出现白色区域曝光过度而黑色区域并级的情况。此测试卡不支持自动定位分析	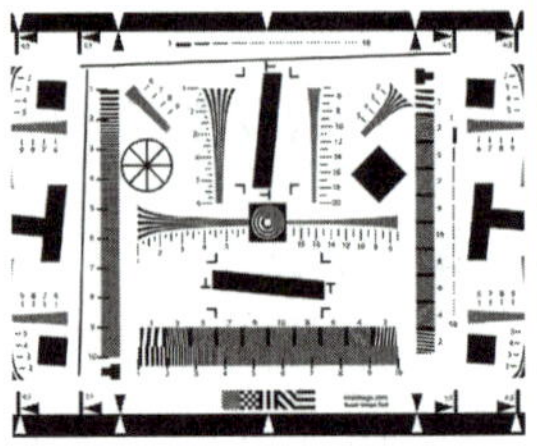

知识点 3：环境光调整

学习目标

能够正确设置环境光的照度、色温数据。

能够准确调整测试卡表面照度均匀性。

学习活动

活动 1

阅读清晰度测量要求，依据提供的测试规格书要求，调整设备工作状态，达到测试标准所要求的条件和参数。

阅读材料：清晰度测量要求

手机相机清晰度检测条件如表 5-8 所示。

表 5-8　清晰度测量要求

测试卡	SFR Plus
光源	类型：IQL 自定义照明色彩（可调色温及亮度） 色温：约 6 500 K 照度：约 900 lx 均匀性：＞ 85%
距离	视相机像素数而定（测试卡充满屏幕）
曝光	AE（自动曝光）
白平衡	AWB（自动白平衡）

（续表）

测试参数	清晰度
其他	安装于三脚架上，自动 ISO 模式

照度均匀性是指测试卡上的光照应达到测试标准的要求。

一般情况下，为保障测试卡表面照度的均匀，就反射光源而言，需要有两个光源打光，光源分别侧立于测试卡的左、右两侧，光源发光面与测试卡面的夹角在 20°～45°之间。

在保证测试卡中心照度达到测试标准（如 900 lx）的前提下，通过调整光源与测试卡之间的距离、夹角和光源的发光强度来调节测试卡表面的照度，如达到 85% 以上的均匀性。可以采用"5 点"测量法说明照度的均匀性，以 SFR Plus 测试卡为例，该测试卡及其测量结果分别如图 5-3 与表 5-9 所示。

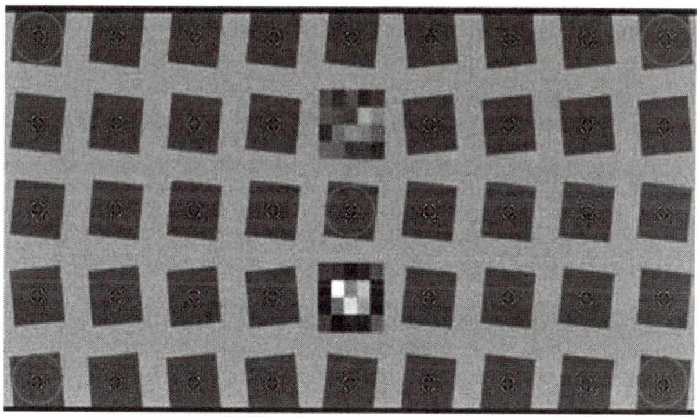

图 5-3　SFR Plus 测试卡

表 5-9　"5 点"测量法结果

位置	照度（lx）	相对中心差值
中心	800	0
左上	680～920	≤ 120
左下	680～920	≤ 120
右上	680～920	≤ 120
右下	680～920	≤ 120
允差	800 × 15% = 120	

活动 2

根据提供的组成视频，描述三脚架、云台、导轨连接过程与方法，并将三脚架、云台调试到水平状态。评价并诊断三脚架、云台是否处于水平状态。

活动 3

阅读红外测距仪器使用说明，完成“mm”单位距离测量的参数设置，测量教室地面与天花板的相对高度，测量 3 次后求出均值。

知识点 4：待测设备成像表现调整

学习目标

能够完成待测设备清晰度测量拍摄状态调整。

学习活动

阅读标准图像获取要求，观看测试设备正常工作状态演示视频，找出关键操作要点，并描述其调整到拍摄状态的规范与要求。

阅读材料：清晰度测量样本图像拍摄要求

（1）拍摄流程

① 用超细纤维布清洁镜头。

② 待测相机安装在三脚架或者设备夹持系统上。

③ 待测相机安放在一个导轨或可移动的小车上，便于操作者调节相机到测试卡的距离。

④ 待测相机与测试卡的放置方位保持一致，并将设备设置为水平拍摄模式。

⑤ 待测相机镜头光轴垂直于测试卡中心，以使测试卡能出现在相机屏幕的中心。

注意，测试卡的尺寸应在 600～800 mm。

（2）取景

① 滑动三脚架，使测试卡在相机取景器中满屏成像，测试卡的高度覆盖传感器的显示高度，使图像中心与显示界面中心重合。测试卡竖框箭头用于调整放大倍数。

② 当待测相机的显示屏不能完全显示传感器记录的图像高度时，拍摄一张图像，用于查验是否满足满屏条件。

③ 如果需要在垂直方向上裁切画面，需要确定一个合适的距离，前后调整

拍摄距离，不断地试错，直至找到合适的拍摄距离。

④ 如果采集到的图像高光或阴影被裁切，尝试采用补偿曝光，增加 ROI 区域的亮场或暗场。

（3）拍摄

① 在相机和测试卡之间放置一个遮挡物，在触发重新聚焦后且在取景前将其拿走，激活相机自动对焦。在拍照时禁止触碰屏幕，除非拍照功能是快门按钮。如果意外触碰到了屏幕，应该重启相机，重新拍摄。

② 测量拍照距离。

（4）后处理

为了避免失焦或者潜在的相机抖动等导致样本图像不可用，在分析前，应挑选样本图像。

① 把图像传到计算机上分析。

② 如果同时采集到 HDR 和非 HDR 模式图像，则使用未经 HDR 处理的图像并删除其他图像。

③ 按照“色温 + 照度 + 相机参数”格式重命名样本图像。

知识点 5：样本图像拍摄、拍摄操作规范

学习目标

能够正确测量拍摄距离。

能够正确判断并调整待测设备拍摄图像的畸变。

学习活动

活动 1

根据素材库中的清晰度测量样本图像，小组测量待测设备摄像头与测试卡中心之间的垂直距离，记录数据，并提交给教师。

活动 2

自主学习素材库中的拍摄标准测试图讲解文档，掌握视频拍摄技巧。根据提供的测试任务书样例（表 5-7），拍摄 3～5 张符合要求的测试图。

阅读材料：清晰度标准图像样本采集

（1）打开光源，设定光源色温为 6 500 K。如果使用荧光灯作为灯源，设定亮度控制为最大值，预热 10～15 min。如果使用 LED 灯源，稳定 1～2 min 即可。

（2）将测试卡安装在中性灰色背板上，调整光源与背板夹角，约为 45°。

（3）打开照度计，完成照度计的校正。

（4）设定照度计测量照度功能，分别测量测试卡中心的照度和 4 个角的照度，记录照度值。

（5）边测量边调整标准光源亮度控制挡，保证测试卡中心照度为标准要求的值，如 900 lx。

（6）边测量边调整标准光源与测试卡的距离和夹角，保证测试卡中心和四角的照度容差控制在 10% 以内，如（900±90）lx。

（7）将测试相机固定在三脚架的云台上，调整云台为水平状态。

（8）调整三脚架和云台，使相机拍摄的测试卡能够全屏成像。

（9）检查镜头是否有灰尘或指印，可以用镜头纸或软布清洁。

（10）调整相机为自动对焦模式，确保对焦正常后，每张测试卡拍摄 3 张图像，获取图像样本示意图。

活动 3

根据活动 2 拍摄测试图，参照评价标准测试图质量指标规范要求，评价拍摄质量。

任务 2：清晰度参数的测量及分析

通过对本任务的学习，能够获得的目标能力如表 5-10 所示。

表 5-10 任务目标

职业技能	学习目标	学习方式
测量样本图像导出	• 能够完成标准样本图像的抓取与存储 • 能够正确传输标准样本图像数据	自主学习

（续表）

职业技能	学习目标	学习方式
读取样本图像数据	• 能够使用图像浏览工具核验样本图像 • 能够完成样本图像不清晰的视觉判别	自主学习
图像分析工具参数设置	• 能够使用图像质量分析软件输出空间频率响应、阶调传递函数、图像边缘等参数图表	实训学习
	• 能够提取空间频率响应、阶调传递函数的图像数据	自主学习
清晰度参数计算	• 能够从清晰度测试结果图中读取 MTF50、MTF50P、过冲的数值，并分析图像清晰度表现 • 能够使用图像质量分析软件输出清晰度分析结果 • 能够根据图像参数分析图像锐化的原因 • 能够与客户讨论清晰度测试报告	课堂或实训学习

知识点 1：样本图像导出

学习目标

能够理解使用数据线直接导出样本图像的原因。

学习活动

描述使用数据线直接导出样本图像的原因，对比分析微信传输的图片与数据线导出图片的差别。

知识点 2：清晰与模糊

学习目标

能够理解图像清晰与模糊的概念。

学习活动

根据素材库中的清晰与模糊图像材料，按照清晰与模糊分类。

阅读材料：清晰与模糊的区分

（1）图像分辨率

图像分辨率指每英寸的像素数，用 ppi 表示。如常说到手机的像素数 2 400

万，是指这部手机摄像头拍摄的图像最大图像高度为 4 000 像素，宽度为 6 000 像素。显然成像设备的像素数越多，能够记录场景的信息越多，所拍摄的图像相对也应越清晰，反之越模糊。

图像分辨率对比示例如图 5-4 所示。图 5-4（a）为 454×363 px，图 5-4（b）为 120×90 px，当图像以同样物理尺寸（5 cm×6.25 cm）显示时，视觉上明显左图更清晰，右图更模糊。对比左右图发现，视觉上清晰的图像，其内容看上去细腻，视觉上模糊的图像，其内容看上去粗糙，如图中的花边等。依据分辨率的概念，左图水平方向（宽度方向）的分辨率为 454÷5÷2.54 = 35.7 ppi，右图水平方向（宽度方向）的分辨为 120÷5÷2.54 = 9.4 ppi。由此可知，同样物理尺寸的图像，像素数越多，图像分辨率越高，视觉上图像越清晰。

（a）　　（b）

图 5-4　图像分辨率对比

当然对于同一台图像获取设备来说，拍摄过程中的晃动、对焦不准确或者拍摄目标移动过快，也会导致拍摄的图像有不同程度的模糊。

（2）图像边缘

图像边缘指的是图像内容的轮廓，图像的边缘表现为图像内容与背景、与其他物体区分开来的边界。如图 5-4 中的花瓣、玻璃花瓶等，都表现为图像的一个内容，清晰的图像有更明显的边界［图 5-4（a）］，反之模糊的图像边界出现了锯齿状［图 5-4（b）］。

由此可见，清晰的图像表现为图像边缘清晰，模糊的图像表现为图像边缘模糊。

知识点 3：读取样本图像数据

学习目标

能够运用图像质量分析软件，读取样本图像数据。

学习活动

自主学习阅读材料，观看基于 SFR、eSFR 的清晰度分析演示视频，使用拍摄的样本图像，获取样本图像清晰度分析参数数据。

阅读材料：imatest 清晰度分析

（1）打开 imatest 软件，选择 Rescharts 模块，如图 5-5 所示。此模块可进行交互式设置和分析，切换和查看不同的数据结果和图表。

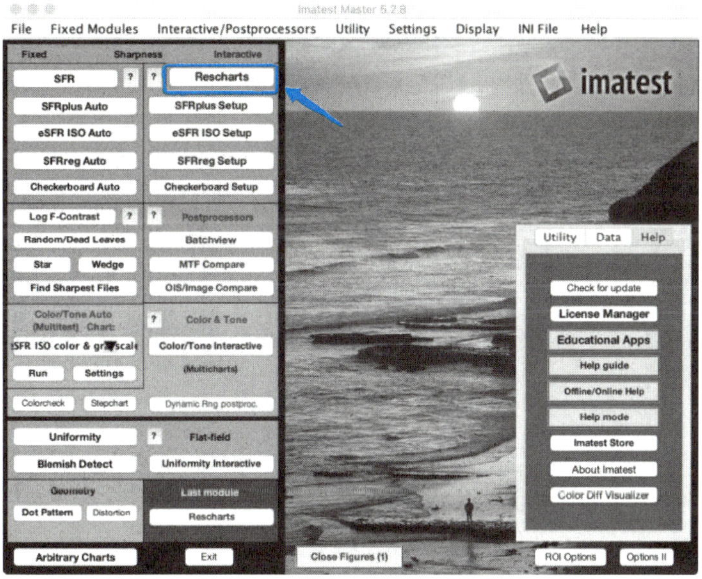

图 5-5 imatest 运行界面

（2）在打开的界面中，选择测试图为“eSFR ISO”，并点击“Read Image File”按钮打开拍摄的图像，如图 5-6 所示。

（3）在打开图像后，设置分析区域 ROI 和其他参数，如图 5-7 所示。在“ROI Selection & Analysis”选项单中选择“1. Ctrs & Outer corners（6V,6H of 9 iso sqs）”。随后，选择“V&H edges both”，同时分析水平和垂直的斜边。最后选择“No Color Patches”。此实验以分析清晰度为主，因此此处不需要选颜色块。

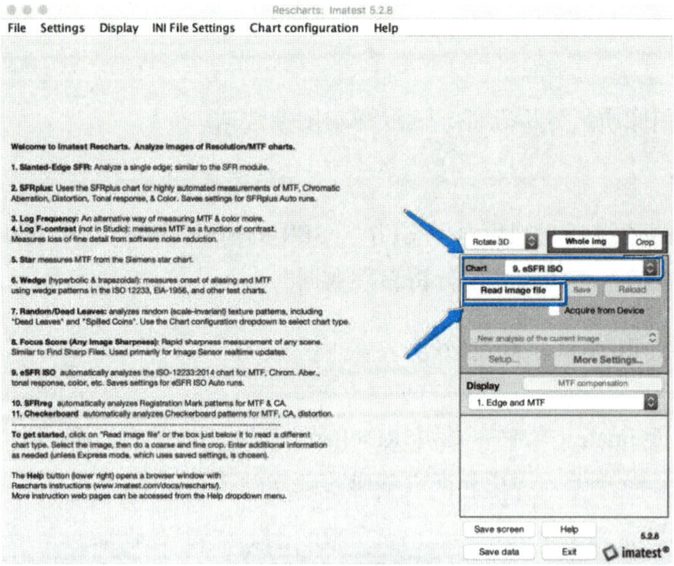

图 5-6 打开拍摄图像

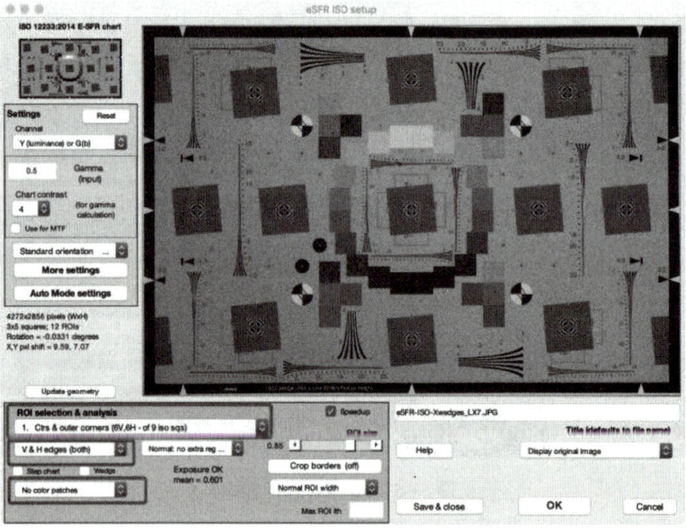

图 5-7 设置参数

（4）点击“OK”按钮后，出现分析结果的界面，如图 5-8 所示。在 Display 的显示区，选择“1. Edge and MTF”，可以显示出当前分析的单个 ROI（右上角的图示中会以蓝色高亮显示），也可以选择“4. Multi-ROI summary”同时显示出所有 ROI 区域的 MTF 数据。右上角会显示出根据权重计算的平均 MTF 数据。也可以在下拉菜单中切换为 MTF50P、MTF20P 或 CA，显示是相应的数据。

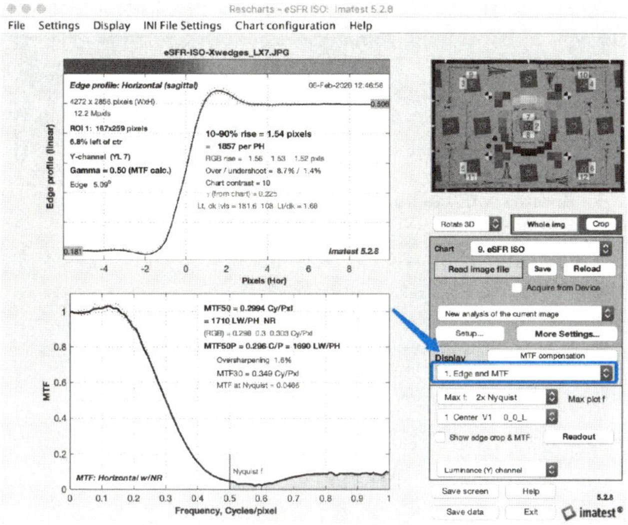

图 5-8　结果分析

（5）点击“More Setting”可以进行更多设置，如图 5-9 所示。例如通常会选择 LW/PH 作为 MTF 的显示单位。

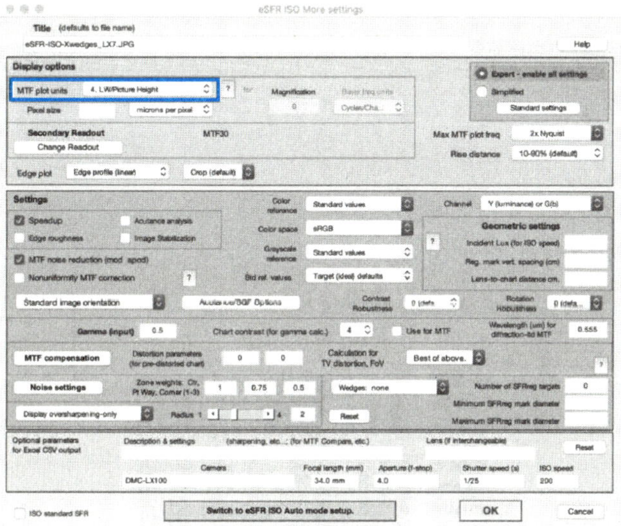

图 5-9　更多设置

（6）最后点击“Save Data”保存测试数据，如图 5-10 所示。在跳出的界面中，可以选择要保存的数据类型。结果数据默认保存在图像存放的路径内，将生成一个 Results 文件夹。保存后可以打开 CSV 文件查看详细数据。

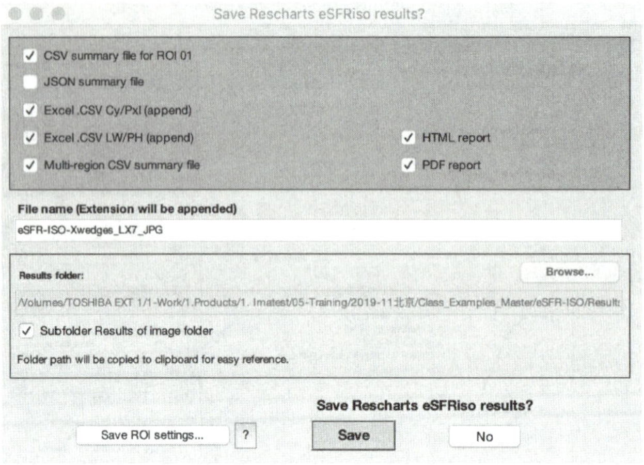

图 5-10　保存界面

知识点 4：空间频率响应、阶调传递函数

学习目标

理解空间频率响应的概念。

理解阶调传递函数的概念。

学习活动

活动 1

根据提供的阴阳线对图像（图 5-11），讨论图像间的差别，并用一个数据表示其差别。

图 5-11　阴阳线对

阅读材料：空间频率响应

（1）空间频率响应的概念

图像的空间分辨率（或称解析力）是数字相机非常重要的一项指标。一般情况下，人们拿到一张照片的时候往往先评判的是照片清楚与否，这里的“清楚”指的是图像的清晰度或分辨率。但是如何评价一个成像系统的解析力也是一直被探讨的问题。对于消费类数码相机来说，“分辨率”这个术语经常被错误地理解为可寻址的感光元件的数量或像素数。但是这些“分辨率”与此处所讨论的“空间分辨率”并不相同，空间分辨率是相机光学捕捉精细细节的能力，通常可用一个单值来度量。

空间频率响应（SFR）是一种测量对比度损失多少值的度量，它是空间频率的函数。通常情况下，对比度随着空间频率的函数降低到细节不再被视觉分辨的程度，这个极限频率值就是相机的空间分辨率。相机的解析力和 SFR 由许多因素决定，包括但不限于相机镜头的性能、图像传感器上可寻址光电元件的数量以及相机中的电路、图像处理（图像处理过程可以包括图像压缩和伽马校正功能）等。如图 5-12 所示，从左往右黑线变细、线条间距减小，意味着空间频率逐渐增大；上半部分是原始图像，下半部分是模拟相机拍摄的效果，由于相机系统的失焦、系统信号的损失等原因，获取到的图像有一定程度的模糊；仔细观察可以发现随着空间频率的增大，线条的模糊程度也在变大，表现为低频率的线条相对高频率的线条与背景的对比度更高。

图 5-12 原始线条与镜头失焦后的效果

分辨率和 SFR 是相关的度量指标，但区别在于综合性和实用性。分辨率是一个单一频率参数，用于表示图像是否包含视觉觉察的最小细节信息阈值。换言之，分辨率是相机在当前条件下可以有效捕获的最高空间频率。它对于产品测试、质量监控或提供最终用户易于理解的简单度量非常有价值。SFR 是一种数值描述，描述了相机是如何由于空间频率改变而改变对比度的。它非常有利于工程、诊断和图像质量评估，并可以由此导出清晰度和锐度等度量。在 ISO 12233：2023 标准中推荐了 3 种测试卡图案，可用于分析相机的图像解析力。

（2）测试清晰度（图像分辨率）的方法

上升距离和频率域：测量图像清晰度的一项成功技术是使用色调或颜色边缘的上升距离。使用这种技术，锐度可以由像素级的距离确定，该距离在其最终值的 10%～90%（也称为 10%～90% 上升距离），如图 5-13 所示。

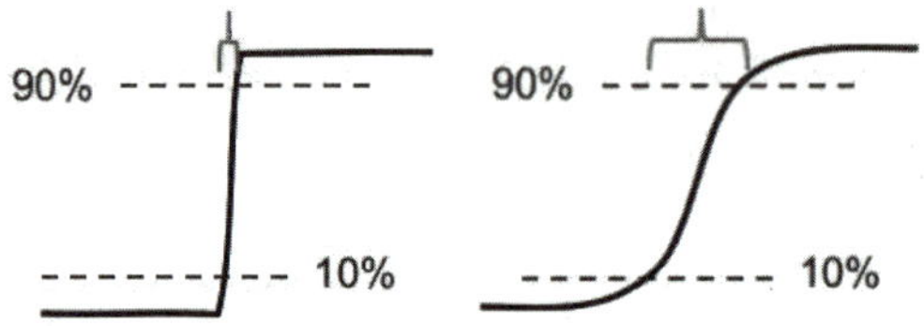

图 5-13　上升距离

虽然上升距离是一个很好的图像清晰度指标，但也有局限性，即没有简单的方法计算一个完整的成像系统组件（即镜头、数字传感器和锐化软件）的上升距离。

为了避免这个问题，可以在频率域中进行测量，其中频率是以每距离（毫米、英寸、像素、图像高度），有时也以角度（度或毫弧度）的周期或线对来测量。当在频率域中测量锐度时，可以通过组合以周期或频率为特征波的信号来产生复杂信号（音频或图像），如图 5-14 所示。此外，频率域和空间域通过傅里叶变换进行关联。

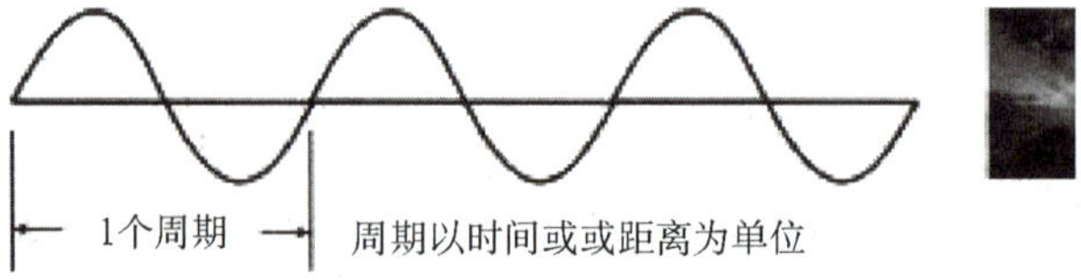

图 5-14　组合波信号

高频（短周期）下的系统响应越好，系统可以传达的细节越多，如图 5-15 所示。系统响应可用频率响应曲线 $F(f)$ 表示。

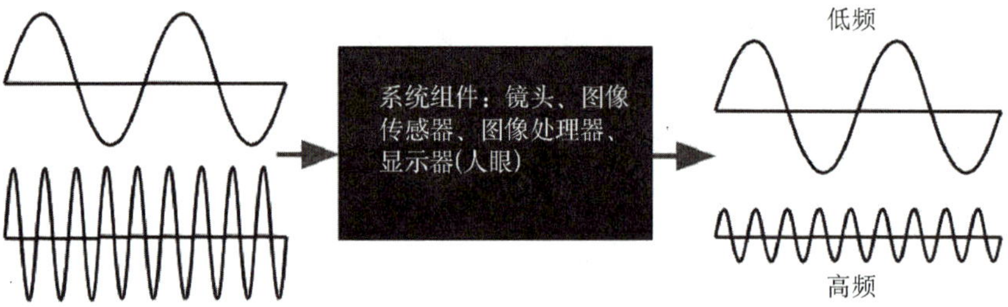

图 5-15　高、低频下的系统响应

活动 2

根据提供的一组 ISO 12233 测试图像（图 5-16），读取空间频率响应的数值。

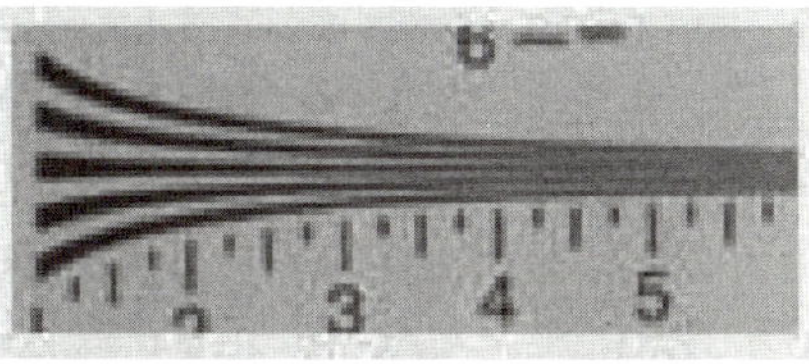

图 5-16　ISO 12233 测试图像

活动 3

观看阶调传递函数讲解视频，根据素材库中对比度、疏密程度不同的图片材料，观察图像的差别，按照视觉上由清楚到模糊的变化排列。

阅读材料 1：阶调传递函数

在给定的空间频率上的相对对比度（输出对比度 / 输入对比度）称为调制传递函数（MTF），它与空间频率响应（SFR）相似，是测量清晰度的关键。

如图 5-17 所示，MTF 函数可用空间频率都从左到右不断增加的正弦调制图、条形图、振幅图和 MTF % 图来表示。

右部分的高空间频率对应于精细的图像细节。摄影元件（胶片、镜片、扫描仪等）的反应倾向于从高空间频率溢出。这些组件可以被认为是通过低频和衰减高频的低通滤波器。

条形图包括正弦调制的条形图和原始条形图。分别是①原始正弦图形，②下半部分的模拟透镜模糊的正弦图形，③原始条形图及④模拟透镜模糊的条形图案。镜头的模糊性导致在高空间频率对比下降。

振幅图中的轴线表达模拟透镜模糊的条形图案的亮度变化（即 MTF 计算中的亮度 V）。

MTF% 图蓝色线表达相应的正弦图形对比度。低频 MTF 限制始终为 1（100%）。例如，MTF 函数在 61 LP/mm（线对 / 毫米）时为 50%，图中蓝色虚线；MTF 函数在 183 LP/mm 时为 10%，见长虚线。这里的频率和 MTF 函数都用指数表在对数尺度上显示（100 = 1%；101 = 10%；102 = 100%，等等）；振幅图显示在线性尺度上。一个完整的成像系统的 MTF 函数是其各个组成部分的 MTF 函数的乘积。

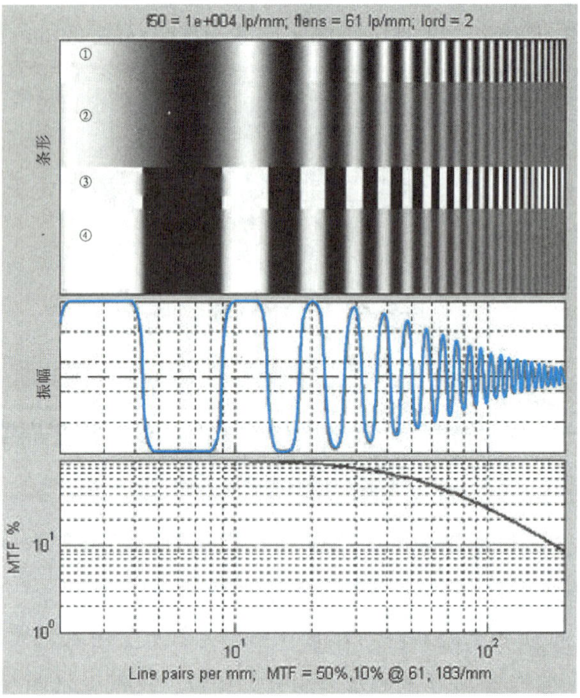

图 5-17　MTF 函数

对比度计算公式:

$$C(f)=\frac{V_{max}-V_{min}}{V_{max}+V_{min}}$$

其中，$C(f)$ 表示空间频率 f 处的正弦模式对比度，V 表示亮度。

MTF 计算公式:

$$MTF(f)=\frac{C(f)}{C(0)}\times 100\%$$

注意，在低空间频率下将 MTF 函数标准化为 100%。

为了正确地使 MTF 函数在低空间频率下归一化，测试图表必须有一些低频区域。这可以由斜边测试图中的大面积亮调和暗调的区域提供。对于可以控制锐化的系统，推荐用 MTF 函数计算是倾斜边缘，它是根据脉冲响应的傅里叶变换（即对一条窄线的响应）计算的，即边缘响应的导数。

MTF 单位的选择如表 5-11 所示。

表 5-11　MTF 单位及其应用

MTF 单位	应用
Cycles/Pixel（C/P）	显示像素的利用率。奈奎斯特频率 f_{Nyq} 始终为 0.5 C/P
Cycles/Distance（cycles/mm 或 cycles/inch）	传感器上每距离的循环数。必须输入像素间距或间距。在过去比较标准胶片格式（例如，35 毫米胶片的像素间距为 24 mm × 36 mm）的分辨率时很受欢迎
Line Widths/Picture Height（LW/PH）	测量整体图像清晰度。这是比较不同传感器尺寸和像素数的相机性能的最佳单位。线宽是电视测量的传统方法。注意，1 个周期 = 1 个线对（LP）= 2 个线宽（LW）
Line Pairs / Picture Height（LP/PH）	测量整体图像清晰度。与 LW/PH 值相差 2 倍
Cycles/degree	角频率。必须输入像素间距或间距。以毫米为单位的焦距通常包含在商业图像文件的 EXIF 数据中。如果不可用，则必须手动输入，通常在设置窗口底部的 EXIF 参数区域中。如果缺少像素间距或焦距，单位将默认为 C/P。C/P 用于比较相机系统和人眼，人眼的 MTF50 大约为 20 C/P（取决于个人的视力和照明）。FL 可以由简单的透镜方程计算，$1/FL = 1/S_1 + 1/S_2$，其中 S_1 是透镜到图表的距离，S_2 是透镜到传感器的距离，放大倍数 $\|M\| = S_2/S_1$。$FL = S_1/(1-1/M)$
Cycles/object mmCycles/object in	在被拍摄的物体上每距离循环（周期数）。必须输入像素间距和放大率。当系统规范引用正在拍摄的对象时（例如，如果需要检测某个宽度的裂缝），这一点很重要
Line Widths/Crop Height Line Pairs/Crop Height	主要用于测试活动图表高度（而不是总图像高度）是否有意义
PH = 图片高度（像素）。FL（mm）= 透镜焦距（mm）。像素间距 = 每像素距离 = 1/（每距离像素）。注意，不同单位的比例与图像传感器和像素大小不同	

MTF 函数的参数如表 5-12 所示。

表 5-12　MTF 参数

参数名称	参数的含义	特征
MTF50	空间频率，其中 MTF50（nn%），是低频率 MTF（0）下降到 50% 对应的 MTF，即 MTF50（nn = 50）	MTF50 最常用的参数；与感知的敏锐度有很好的相关性。MTF50 会随着软件锐化的增加而增加，一味追求高的 MTF50 值，会导致过度锐化，从而在图像边缘产生可见的、可能令人讨厌的“halos”黑白边现象

（续表）

参数名称	参数的含义	特征
MTF50P	空间频率，若是 MIF 为峰值 MTF 的 50%（nn%）	中低程度的软件锐化，MTF50P 等同于 MTF50；高强度的软件锐化会提升 MTF 曲线，会导致出现峰值（即大于 100%），MTF50P 低于 MTF50。判断锐化情况时，MTF50P 是比 MTF50 更好的指标
MTF area（归一化后）	MTF 曲线下的面积（低于奈奎斯特频率），标准化为其峰值（当几乎没有锐化时，即 $f=0$ 时为 1，但对于强锐化，峰值也可能为 1）	当锐化程度很小或没有锐化时，该参数与 MTF50 的相关性较高；但当过度锐化时，该参数不会明显增加。这个参数目前在业内还是比较陌生的，它主要用于描述在斜边 MTF 测量一致性
MTF10，MTF10P，MTF20，MTF20P	空间频率，其中 MTF 是零频率或峰值 MTF 的 10% 或 20%	有时使用这些数字是因为它们与消失分辨率（瑞利极限）相当。噪点会在 10% 或更低的水平上强烈影响结果。MTF20 以（LW/PH）为单位的数据最接近模拟 TV line 的数据

注：为了规范化低频空间频率下的 MTF 函数，测试图必须有低频参考。低频参考可以通过测试图色块倾斜边缘的大面积明暗区域，但不能通过线和网格来满足。

阅读材料 2：ISO 12233 测试卡解析力分析

高空间频率对应于精细的图像细节。成像系统组件（胶片、镜头、扫描仪等）的响应在高空间频率下趋于衰减。这些组件可以认为是通过低频和衰减高频的低通滤波器。以下为分析解析力的测试要求。

目的：测试镜头分辨物体细节的能力，即清晰度，包含中心解析度和边角解析度。

成像环境：暗室、灯箱。

标准光源：D65 光源（色温 6 500 K）。

中心照度：900～1 100 lx；照度均匀性相差在 10% 以内。

标准测试卡：ISO 12233 标准分辨率测试卡。

拍摄手法：以横拍方式拍摄，图片的上下边占据在相机画面的上下边缘；相机画面卡在图片的 4∶3 位置线上，待对焦稳定后进行拍摄。

前置：2 倍 ISO 12233 测试卡。

后置、广角：4 倍 ISO 12233 测试卡。

图像质量分析工具：Adobe Photoshop。

操作步骤如下：

① 打开拍摄图像，100% 比例显示，如图 5-18 示，分别读取图中 1、2、3、4 处楔子图标注的数值，再乘以 100，即为水平、垂直、斜向、四周视觉分辨率；

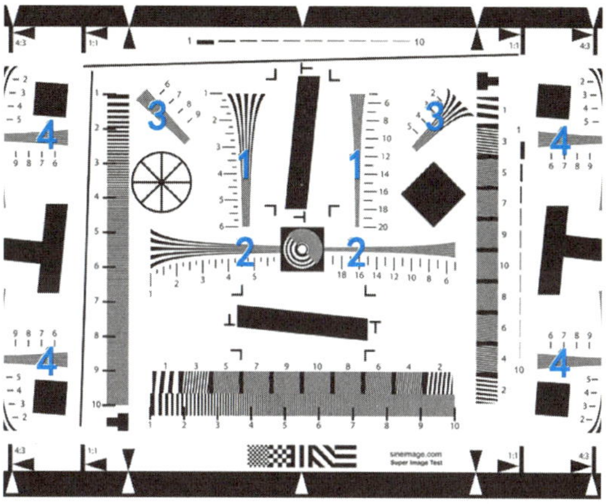

图 5-18 拍摄图像

② 用目视的方法由低频向高频观察楔形图像线数的变化，裸眼视觉辨别即将消失的频率（极限频率）的分界位置。如识别楔子图由 5→4 或由 9→8 的分界线，此时的图像上对应的空间频率的刻度数即为视觉分辨率；

③ ISO 12233 标准：中心水平（或垂直）≥理论极限分辨率的 65%（20 Mb 以下）/60%（20 Mb 及以上）；斜 45° ≥理论极限分辨率的 42.5%（20 Mb 以下）/39%（20 Mb 及以上）。

知识点 5：图像边缘特征曲线

学习目标

能够理解图像边缘的概念。

能够绘制图像边缘特征曲线。

学习活动

活动 1

在图像处理软件中打开素材库中的边缘特征曲线图像素材，并勾勒出图像边缘，对比图像边缘相邻像素的亮度值，归纳并总结出图像特征。

活动 2

观看图像边缘特征曲线讲解视频，根据所拍摄的图像，裁切一块 5° 斜边的色块，借助图像处理软件读取一行图像像素亮度数据，建立以行像素位置为横坐标，以像素亮度值为纵坐标的坐标系，并绘制像素亮度曲线。

阅读材料：图像边缘特征曲线

分析图像边缘的关键是边缘曲线与 MTF 图。以图 5-19 中的数据为例。

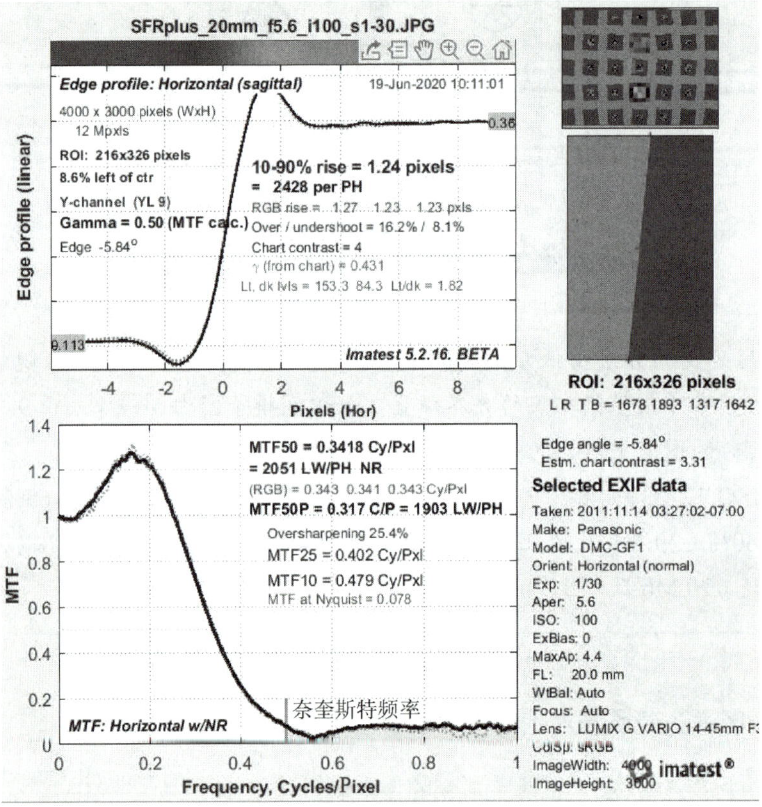

图 5-19 边缘曲线与 *MTF* 图

左上图：上方横条表示平均边缘色调的窄图像。下方为平均边缘曲线（空域）。该曲线是边缘上升距离（10%～90%）的一个关键的结果，以像素为单位，用每幅图片高度的上升距离数表示。其他参数包括过冲和下冲。此图可以以线扩展函数（LSF 又称为边缘的导数）显示。

左下图 MTF（频率域）：空间频率响应，显示 2 倍奈奎斯特频率。主要结果包括 MTF50，低频值的对比度下降到 50% 的频率；MTF50P，即峰值的对比度下降到 50% 的频率。这与感知图像清晰度相吻合。单位是每像素的周期（C/P）和每像素高度的线宽（LW/PH）。其他结果包括奈奎斯特频率的 MTF（0.5 个周期 / 像素；采样率 /2），它显示混叠和用户选择的次级读数的可能严重程度。奈奎斯特频率显示为垂直蓝线。当输入像素间距（手动）和输入透镜焦距（通常来自 EXIF 数据，但可以手动输入）时，衍射受限的 MTF 响应显示为灰色虚线。

图 5-19 的测量结果说明此幅图像锐化强度大，但不过度。

知识点 6：空间频率响应测量方法

学习目标

能够理解空间频率响应的测量方法。

学习活动

阅读 ISO 12233 标准相关内容，小组讨论空间频率响应的测量原理，总结归纳获取实现空间频率响应测量的标准图像的方法，说明标准测试图像的特点。

阅读材料：空间频率响应测试标准图像与空间频率响应斜边测量法

（1）标准图像的获取

采用斜边的原因：纯垂直或水平边缘的 MTF 结果高度依赖于采样阶段（边缘和像素位置之间的关系）。因此，依赖于精确的（亚像素）边缘位置，上一次计算的 MTF 结果可能与下一次不同，即不能保证重复精度。而当边缘倾斜时，MTF 结果则是从多个采样阶段的平均值中计算而来，计算结果更稳定。

斜边角度：在可能的情况下，边缘角度应大于最接近的垂直、水平或 45° 方向的 ±2°。原因是垂直、水平和 45° 边缘对像素非常敏感（即它们是相位敏感的）。将边缘倾斜超过 2° 或 3° 可避免此问题。

ISO 12233 标准推荐的角度为 5° 或 5.71°（arctan（0.1））。以此角度测量 MTF 时不强烈依赖于边缘角度。从 3° 到 7° 的角度也很好。对于最接近垂直或水平方向的非零边角 θ，应用余弦校正。当 θ 大于 8°（cos（8°）= 0.99）时，校正是显著的。根据区域选择，从垂直或水平边计算初始 MTF 结果和相应的频率 f。

经过上述调整拍摄的用于空间频率响应测试标准图像如图 5-20 所示。

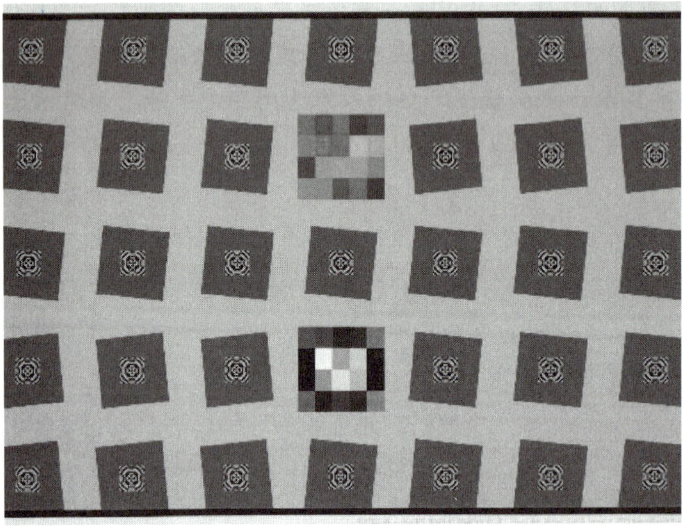

图 5-20 标准图像示意

（2）斜边测量法

被测量设备拍摄某一对比度（如 4∶1）的 5°灰度测试卡，读取拍摄图像像素的数字值，绘制边缘特征曲线，再将边缘特征曲线进行傅里叶变换可得 MTF 曲线，如图 5-21 所示。

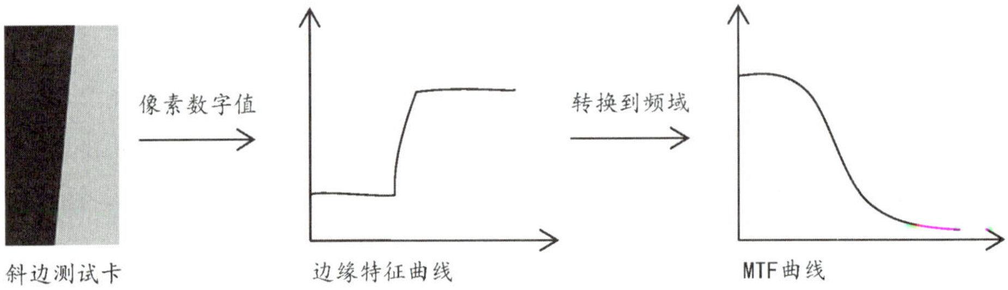

图 5-21 斜边测量法示意

知识点 7：MTF50、MTF50P、过冲的计算

学习目标

能够理解 MTF50 的含义。

能够理解 MTF50P 的含义。

能够理解过冲的含义。

能够依据 MTF50 和 MTF50P 的数值判断图像的清晰度表现。

能够依据过冲的数值判断图像的锐化表现。

学习活动

活动 1

根据提供的清晰度测试结果图，从结果图中读取 MTF50、MTF50P 的数值，分析设备清晰度的表现，并给出结论。

活动 2

根据素材库中的清晰度测试结果图，读取过冲的数值，分析设备锐化的表现，并给出结论。

活动 3

根据前期获取的样本图像，使用图像质量分析软件，设定正确的参数，输出清晰度分析结果。

阅读材料：清晰度测量测试卡对比

可用于测量 MTF 的测试卡有 Slanted-edge、Log frequency、Log f-contrast、Siemens Star、Dead Leaves（Spilled Coins）、Random 1/*f*、Hyperbolic wedge 等。在消费电子相机中，每一种都会给出不同的结果，因为大多数都有不均匀的图像处理（如基于场景内容的双边滤波）。锐化（高频增强）倾向于最接近对比度的特征（较“大”的接近较高的对比度边缘），而降噪（高频切割，它可以“淹没”良好的纹理）倾向于最大化平滑。因此，使用不同的测试图表在 MTF 测量结果上有很大的差别。

原则上，当不应用非均匀或非线性图像处理（双边滤波）时，MTF 测量应该是相同的，例如，当图像用 Dcraw 或 LibRaw 去马赛克而没有锐化和降噪时。但是在实际中，这并不会出现，因为在所有使用彩色滤波阵列（CFA）的相机中都要去马赛克（这涉及一些非线性处理）。

各种测试卡的优缺点和应用如表 5-13 所示。

表 5-13　测试卡对比

测试卡	优缺点	应用
Slanted-edge（SFR、SFR Plus、eSFR ISO、SFR_{reg}、Checkerboard）	可创建详细的 MTF 映射响应。计算速度快，适用于自动检测，如 SFR Plus、eSFR ISO、SFR_{reg}、Checkerboard。对噪声相对不敏感（如果应用降噪，则更免疫）。符合 ISO 12233:2023 标准，使用“容器”（超分辨率）算法，允许 MTF 测量高于奈奎斯特频率（0.5C/P）。制造业检测的最佳模式。在锐化和降噪能力强的系统中，可以给出乐观的结果，例如，可能被信号处理所欺骗，特别是具有高对比度（≥ 10 : 1）边缘的系统。具有极端混叠（能量超过奈奎斯特频率）的系统给出的结果不一致，特别是小区域。对锐化最敏感，特别是高对比度（≥ 10 : 1）边缘；对软件降噪最不敏感	imatest 的最主要测量模式。镜头和相机测试中如需要 MTF 响应图时，这是最有效的模式计算的结果不可靠（亮度剪裁，伽马问题，双侧过滤器过度锐化）。在后续的 ISO 12233：2023 标准中推荐 4 : 1 对比度
Log frequency	依据第一原理计算。显示彩色云纹，对噪声敏感，空间利用效率低下	主要用于检查非根据第一原理计算其他方法
Log f-ontrast	用于说明非均匀图像处理效果的最佳模式。对噪声敏感。接近图像顶部（高对比度）的部分对锐化的敏度性强，接近图像底部（低对比度）的部分对锐化的敏感性降低，中间逐渐过渡	这个模式的优势是对锐化 / 降噪的敏感性。它的目的是说明信号处理是如何随着图像内容的变化而变化的（特征对比度）。因此常用于显示因软件降噪而造成的细节损失
Siemens star	包含在 ISO 12233:2023 标准中。对噪声相对不敏感。提供多方向 MTF 信息。对空间的缓慢低效利用。外半径低频信息有限，使 MTF 归一化困难。对锐化和降噪的度敏感性适中	支持图像工程的通用测试，但空间细节仅限于 3×3 或 4×3 网格。
Dead Leaves（Spilled Coins）	测量纹理清晰度及锐度。模式统计与典型图像相似。空间利用效率低下。一种复杂的噪声功率减法算法（通过多幅图像的采集和信号平均，可以大大降低噪声和低信噪比的影响），可以降低很高的噪声敏感性，但是多幅相同图像的信号平均效果更好。适度地	由随机大小的圆圈堆叠组成。强的双边过滤会导致误导性的结果

（续表）

测试卡	优缺点	应用
Dead Leaves（Spilled Coins）	锐化敏感性和较强的降噪敏感性使得它可以用于与主观观察有很好相关性的整体纹理锐度测量	
Random 1/*f*	揭示了细节（纹理）呈现程度（即系统对软件降噪的响应）。对锐化不敏感，对软件降噪最敏感	测量相机渲染精细细节（纹理）的能力，如低对比度、高空间频率图像内容
Hyperbolic Wedge	使用 ISO 12233 测试卡或 eSFR ISO 测试卡上的楔形图案。MTF 在奈奎斯特频率和半奈奎斯特频率附近不精确（它对采样相位变化非常敏感）。不适合作为主要的 MTF 测量。对锐化很敏感。对噪声敏感。空间利用效率低下	在测量“消失分辨率”的 ISO 12233 测试卡中，在楔形图中直线开始消失的位置，需要 3 个区域（包括一个用于低频参考的方形区域）才能得到合理的 MTF 测量结果（由于采样相位的敏感性，比其他方法的精度要低）

知识点 8：图像锐化

学习目标

能够理解图像锐化的概念。

能够识别图像锐化现象。

能够理解图像锐化程度的数字化表示。

学习活动

活动 1

根据素材库中的图像锐化素材 1，描述图像锐化的现象及原因。

活动 2

自主学习阅读材料，根据素材库中的图像锐化素材 2，按照是否锐化进行分类，并按锐化程度对其排序。

阅读材料：图像锐化

（1）锐化

锐化是数字图像处理的重要组成部分。它恢复了因镜头和图像传感器导致的部分清晰度损失。每一幅数字图像都得益于其工作流程中某个阶段的锐化，如相机锐化、RAW 格式转换软件或图像编辑器等。一些相机或图像处理软件，会因过度锐化，出现图像边缘附近出现“光环”效果，如配置较低的相机和手机等。但如果锐化较好，有利于提升图像画质。

（2）锐化处理

一种简单的锐化算法是从每个像素中减去相邻像素的一小部分，如图 5−22 所示。图像下部的黑色细线是锐化函数的输入值，它是相机对点或尖锐线（称为点或线扩展函数）的响应。两条灰色虚线是输入的复制品，振幅减小，移动距离为 ±2 像素（应用于小型数码相机的典型锐化）。这个距离叫作锐化半径 R_s。蓝色细线为锐化后的脉冲响应，即为黑色曲线和两条灰色虚线之和。粗黑实线是相应的无锐化边缘反应，粗蓝实线（细实线之上的）是相应的锐化后边缘反应。

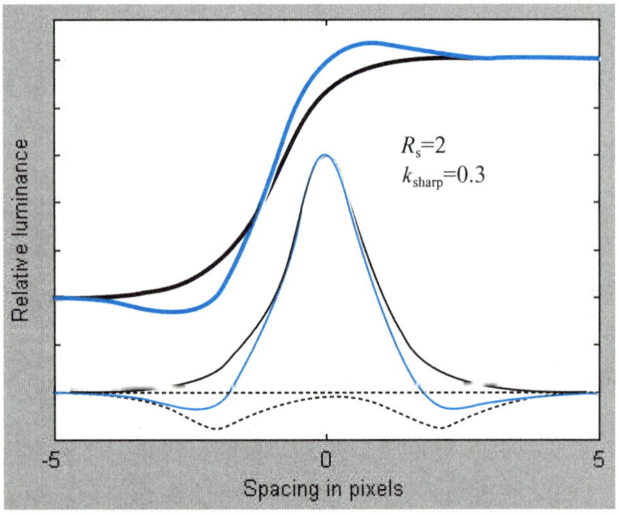

图 5−22 锐化处理示意

锐化通过减小上升距离来增加边界上的图像对比度。它会导致边缘过冲。（图中粗蓝实线有小幅度的过冲）。小幅度的过冲会增强视觉清晰度，但大幅度的过冲会导致图像边界附近的出现“光环”，在手机屏幕这样的小型显示器中可能效果较好，但在高放大率下能明显察觉图像质量降低。

锐化也会提高 MTF50 和 MTF50P。MTF50P 对强烈锐化不敏感，在评价锐化时通常为首选。有噪点的系统，如小像素或高 ISO 感光速度，锐化时会增加图像噪点是一个问题。

锐化是一个具有传递功能的线性处理。公式如下：

$$L_{sharp}(x)=\frac{L(x)-0.5\,k_{sharp}\left[L(x-V)+L(x+V)\right]}{1-k_{sharp}}$$

其中，$L(x)$ 是图像像素输入亮度，$L_{sharp}(x)$ 是锐化后的像素亮度，k_{sharp} 是锐化常数（与滑块设置、扫描或编辑程序相关），V 是用于锐化的移位。

$$V=\frac{R_s}{d_{scan}}$$

其中，R_s 是以像素为单位的锐化半径（原始图像与移位副本之间的像素数）。d_{scan} 是以像素每距离为单位的扫描速率。$1/d_{scan}$ 是像素之间的间距。锐化算法有的 MTF 计算公式如下：

$$MTF_{sharp}(f)=\frac{1-k_{sharp}\cos(2\pi fV)}{1-k_{sharp}}$$

该等式在高空间频率有最大响应。

当 $\cos(2\pi fV)=\cos\pi=-1$ 或 $f=1/2V=d_{scan}/2R_s$ 时，若 $R_s=1$，则奈奎斯特频率 $f_{Nyq}=d_{scan}/2$。实际的图像锐化是一个二维操作。

活动 3

根据拍摄的斜边图像，小组使用图像处理软件读取一行图像像素亮度值，绘制图像边缘曲线，并比较边缘曲线的走势，讨论锐化程度高低的表示方法。

阅读材料：图像锐化（示例）

图 5-23 显示了用于锐化的传递函数（MTF），其中强度 $k_{sharp}=0.15$，锐化半径 $R_s=1$, 2 和 3。注意，图的底部值为 1（而不是 0）。

当锐化半径为 2 时该函数得到广泛应用。传递函数在半奎斯特频率（$f=f_{Nyq}/2=0.25$ C/P）处达到最大值，奈奎斯特频率（$f_{Nyq}=0.5$ C/P）处下降回 1，然后在 $1.5\times f_{Nyq}=0.75$ C/P 时反弹到最大值。

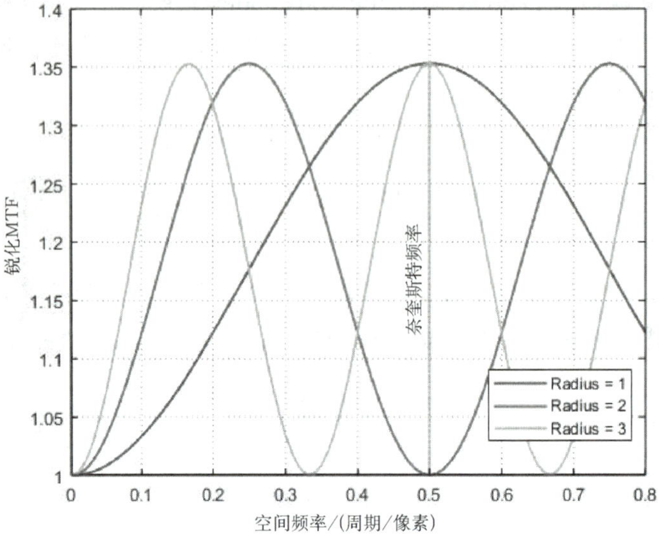

图 5-23 用于锐化的传递函数

图 5-24 是用 R_s 约为 3 时锐化的两幅图像。这台相机在锐化之前在奈奎斯特频率以上有显著的“能量”。两条 MTF 曲线在 400～500 LW/PH 附近有一个下

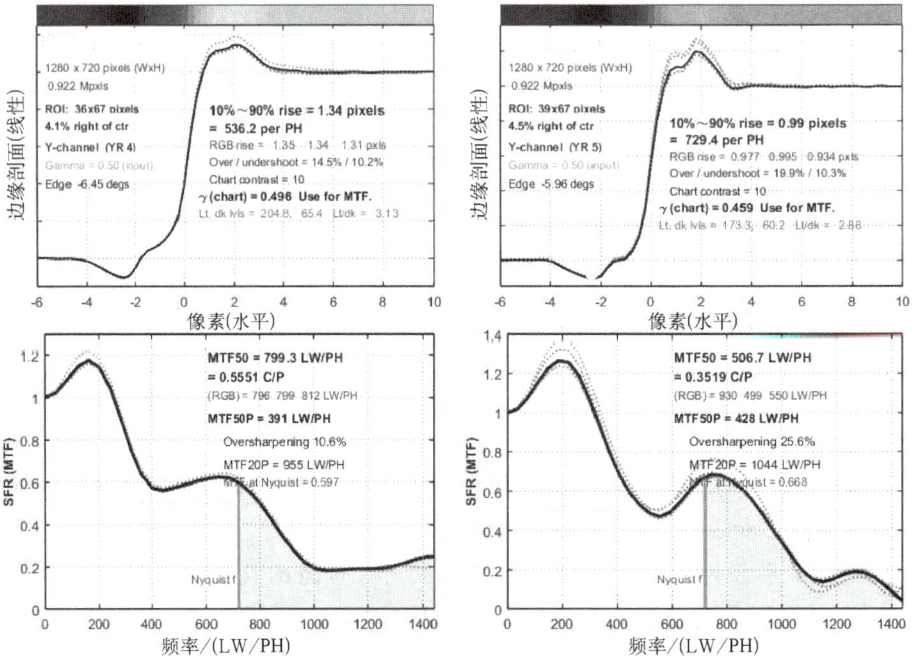

图 5-24 R_s 约为 3 时的锐化

降响应，锐化效果相似，而 MTF50 很不稳定。这是一个相当罕见（极端）的情况，值得关注。更低的 MTFnn 可能更不稳定，如 MTF20、MTF10 等。

当心使用锐化半径大（$R_s > 3$）的强锐化。循环响应会导致 MTF 响应曲线出现意外的“颠簸”，严重扭曲 MTF50、MTF20 等主要指标。大的锐化半径具有典型的特征：厚的“光环”和 MTF 响应中的低频峰。推荐锐化半径 $R_s \leq 2$，除非有其他特殊用途图像。

活动 4

依据提供的测试规格书，完成并提交素材库中的清晰度测试实训报告。

阅读材料：图像清晰度测试报告模板

手机相机摄像清晰度测量实训报告

填写实训信息，如表 5-14 所示。

表 5-14　实训信息

实训班级与拍摄时间					
项目组成员					
拍摄设备名称、品牌及型号					
焦距		曝光模式		设备像素数	
光圈		对焦模式		设备年限（月数）	

插入使用设备的图片，如图 5-25 所示，请替换为实际使用的设备图像。图像大小为 70 mm × 80 mm。

图 5-25　设备图片示例

（1）原理及法则

清晰度是反映图像质量最重要的一个因子，表达了成像系统获取物体细节的能力。因此，消费者既希望图像获取设备的获取图像的像素数增加，也希望清晰度提升。图像的清晰度受 ISO 速度的影响，通常意义上相机 ISO 速度提高，获取图像的清晰度会下降。依据 ISO 12233，本实训通过拍摄 SFR Plus 测试卡，计算对比度为 4∶1 的 5° 斜边色块的空间频率响应（SFR）来评价图像的清晰度。将拍摄图像分成 3 个区域，中心区域 30%、part-way 区域 30%～75% 和角区域 75%～100%，分别给予权重 1、0.75 和 0.5，用加权清晰度表示。

注意：

① 清晰度用 MTF50 和 MTF50P 表示，MTF50P 的含义是 MTF 值下降到最大值的 50% 处所对应的空间频率；

② MTF 用 LW/PH 单位表示，即每像高的线宽，通常来说，MTF50 的值越大，图像清晰度越高；

③ 实际上，相机的图像处理软件会对图像进行锐化处理，往往会“夸大”对比度，出现锐化过度的晕影现象，MTF50P 能反映图像是否被过度锐化，当小于奈奎斯特频率的 MTF50P 的过度锐化值在 25% 以下时，图像锐化效果较好。

（2）测试条件

测试条件如表 5-15 所示。

表 5-15 测试条件

测试卡	SFR Plus
光源	类型：IQL 自定义照明；色温：约 6 500 K；光照度：约 900 lx；一致性：＞85%
距离	实际测量
曝光	AE（自动曝光）
白平衡	AWB（自动白平衡）
测试参数	清晰度
其他	安装于三脚架上，自动 ISO 模式

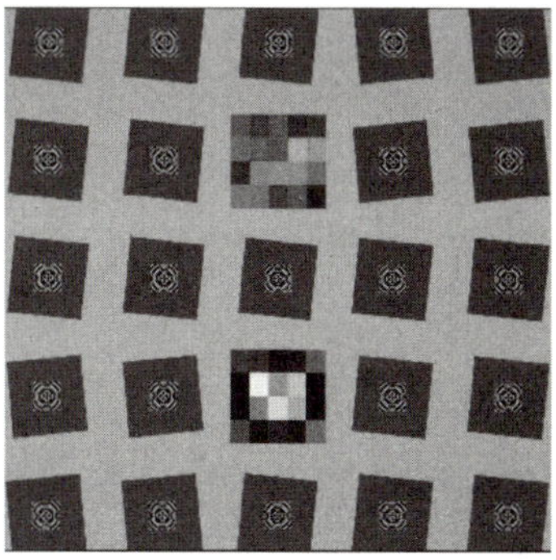

图 5-26

注：
① 参考上述测试原理及测量条件，完成 SFR Plus 动态范围测试卡拍摄；
② 使用 imatest 软件中的 SFR 模块完成动态范围分析；
③ 输出所选 ROI 计算结果的概括图和 3D 图；
④ 参考上述法则完成结果分析。

（3）结果

① ROI 区域分析如表 5-16 所示。

表 5-16　ROI 区域分析

	色温：			光源照度：	
MTF50	中心	最大值	最小值	最大值与最小值的差值	平均值

② 3D 图分析如表 5-17 所示。

表 5-17　3D 图分析

测量条件 1	色温：			光源照度：	
MTF50	中心平均值	part-way 均值	四角均值	权重均值	权重

③ 锐化情况分析如表 5-18 所示。

表 5-18　锐化情况分析

测量条件 1	色温：				光源照度：				
MTF50P	ROI 1	ROI 2～5				ROI 6～9			
过度锐化									

5.4 检查与评价

学习目标

能够在教师的指导下对任务结果进行合理、正确的评价。

学习活动

活动名称：学习检查与评价。

活动目标：能够正确使用学习检查与评价表，完成学习质量的评价。

活动时间：建议时长 15～20 min。

活动方法：自我评价 + 小组评价 + 教师评价。

活动内容：根据学习过程数据记录，进行自我评价、小组评价和教师评价。

活动工具：学习检查与评价表（表 5-19）。

活动评价：提交评价结果与教师反馈意见。

表 5-19 学习检查与评价

<table>
<tr><td>小组</td><td colspan="2"></td><td>课程名称</td><td>学习者</td><td colspan="2"></td></tr>
<tr><td colspan="7">学习任务与评价（满分 100 分）</td></tr>
<tr><td>项目任务</td><td colspan="3">考核指标（打√）</td><td>自我评分</td><td>组长评分</td><td>教师评分</td></tr>
<tr><td>资讯阶段（15 分）</td><td colspan="3">查找与项目有关的资料 □
主动咨询 □
认真学习项目有关的知识技能 □
团队积极研讨 □
团队合作 □</td><td></td><td></td><td></td></tr>
<tr><td rowspan="2">计划与决策阶段（15 分）</td><td colspan="3">完成计划方案（10 分）
计划内容翔实、可执行 □
思路清晰 □
团队合作 □</td><td></td><td></td><td></td></tr>
<tr><td colspan="3">分析计划方案可行性（5 分）
计划方案合理 □
任务清晰 □
时间安排合理 □</td><td></td><td></td><td></td></tr>
<tr><td rowspan="2">实施过程（50 分）按照重要和难易程度配分</td><td rowspan="2">专业技能评价</td><td colspan="2">标准样本图像的获取（30 分） □</td><td></td><td></td><td></td></tr>
<tr><td colspan="2">清晰度参数的测量及分析（20 分） □</td><td></td><td></td><td></td></tr>
</table>

（续表）

方法与能力（10 分）	分析解决问题能力 □ 组织能力 □ 沟通能力 □ 统筹能力 □ 团队协作能力 □			
素质能力（10 分）	学习态度 □ 责任心 □ 质量意识 □			
教师评价： 教师签名： 评价时间：				

5.5 反馈与总结

学习目标

能够在教师的指导下对任务结果进行合理、正确的反馈与总结。

学习活动

活动名称：学习反思与总结。

活动目标：能够在教师和小组长的带领下，完成 PPT 报告总结和视频总结。

活动时间：建议时长 30 min。

活动方法：自我评价 + 小组代表分享 + 教师评价。

活动内容：小组代表运用 PPT 总结形式完成课堂分享。教师布置课后作业，要求每位学生在组内以 PPT 报告的形式完成学习经验的分享，并将分享过程录制成视频。视频须在下次课堂开始前提交。

活动工具：PPT 制作学习总结报告。

活动评价：提交反思与总结结果 + 教师反馈意见。

以小组为单位，评选小组最佳作品或成果及最佳学习代表。

5.6 巩固练习

在教师的指导下，完成“手机相机摄像清晰度测量”项目实训任务。整理实训成果或总结，提交给教师审阅并听取教师的反馈意见。如遇到疑问或挑战，及时咨询教师。

参 考 文 献

[1] IEEE Standard for Camera Phone Image Quality: IEEE 1858−2016[S/OL].[2023−05−14]. https://ieeexplore.ieee.org/document/7921676/figures#figures.

[2] 中华人民共和国工业和信息化部. 移动终端图像及视频传输特性技术要求和测试方法：YD/T 1607—2016[S]. 北京：人民邮电出版社，2016.

[3] 中华人民共和国国家质量监督检验检疫总局. 数码照相机 噪声的测量：GB/T 34074—2017[S]. 北京：中国标准出版社，2017.

[4] Photography-Electronic still picture imaging-Resolution and spatial frequency responses: ISO 12233: 2023[S/OL].[2023−05−14]. https://www.iso.org/standard/79169.html.